B. Riemann
Über die Hypothesen, welche der Geometrie zu Grunde liegen

Neu herausgegeben und erläutert von

H. Weyl

Dritte Auflage

Berlin
Verlag von Julius Springer
1923

Alle Rechte,
insbesondere das der Übersetzung in fremde Sprachen, vorbehalten.
Copyright by Julius Springer in Berlin.

ISBN 978-3-642-50501-0   ISBN 978-3-642-50811-0 (eBook)
DOI 10.1007/978-3-642-50811-0

Vorwort des Herausgebers.

RIEMANNs Probevorlesung „Über die Hypothesen, welche der Geometrie zugrunde liegen", von ihm bei Gelegenheit seiner Habilitation am 10. Juni 1854 vor der Göttinger philosophischen Fakultät gehalten, ist erst nach seinem Tode im 13. Bande der Abhandlungen der Gesellschaft der Wissenschaften zu Göttingen veröffentlicht worden. Nachdem LOBATSCHEFSKIJ und BOLYAI, ohne prinzipiell über die Euklidische Position hinauszukommen, vielmehr im engen Anschluß an das Muster der Euklidischen „Elemente", eine logisch in sich konsequente Geometrie entwickelt hatten, welche auf der Ablehnung statt auf der Annahme des Parallelenpostulats beruhte, wurde in dieser Vorlesung RIEMANNs das Raumproblem von einem neuen und wahrhaft universellen Standpunkt aus aufgerollt. Für die Geometrie geschah hier der gleiche Schritt, den FARADAY und MAXWELL innerhalb der Physik, speziell der Elektrizitätslehre, vollzogen durch den Übergang von der Fernwirkungs- zur Nahewirkungstheorie: das Prinzip, die Welt aus ihrem Verhalten im Unendlichkleinen zu verstehen, gelangt zur Durchführung. Aus dem gleichen erkenntnistheoretischen Motiv entspringen letzten Endes RIEMANNs grandiose Leistungen auf dem Gebiete der analytischen Funktionentheorie wie auch seine physikalischen Spekulationen. Auf ihm beruht so die bei aller Verschiedenheit der von RIEMANN bearbeiteten Sachgebiete ohne weiteres fühlbare Einheit seines Lebenswerkes.

IV

Die Gedanken, welche der große Mathematiker in dem hier von neuem abgedruckten Vortrag entwickelte, sind aber nicht nur für die Geometrie von weittragender Bedeutung geworden, sie besitzen heute eine besondere Aktualität, da durch sie das begriffliche Fundament für die allgemeine Relativitätstheorie gelegt wurde; so wenig auch deren Schöpfer EINSTEIN unmittelbar und bewußt von RIEMANN beeinflußt wurde. Ja, die über das Mathematische hinausgehenden Ausführungen des letzten Absatzes weisen mit überraschender Deutlichkeit — man ist geradezu versucht, von Divination zu sprechen — in die Richtung solcher physikalischen Konsequenzen der RIEMANNschen Raumlehre, wie sie EINSTEINs Gravitationstheorie gezogen hat. Immerhin steht fest, daß von dieser Beziehung zur Gravitation RIEMANN nichts bekannt war; denn seine eigenen Versuche, ,,den Zusammenhang von Licht, Elektrizität, Magnetismus und Gravitation" zu ergründen, die zeitlich mit der Probevorlesung zusammenfallen, stehen sachlich in keiner Verbindung mit ihr. (Vgl. die Fragmente über Naturphilosophie im Anhang von RIEMANNs Gesammelten mathematischen Werken [2. Aufl., Leipzig 1892, S. 526—538]. — In der Zeit der Habilitation schreibt RIEMANN an seinen Bruder: ,,Darauf beschäftigte ich mich wieder mit meiner Untersuchung über den Zusammenhang der physikalischen Grundgesetze und vertiefte mich so darin, daß ich, als mir das Thema zur Probevorlesung beim Colloquium gestellt war, nicht gleich wieder davon loskommen konnte." Die beiden Dinge, die damals in seinem Gehirn sich störten, sind jetzt aufs engste miteinander verwachsen.)

Seit der von R. DEDEKIND und H. WEBER besorgten Herausgabe von RIEMANNs Werken ist sein gedankentiefer Habilitationsvortrag allgemein zugänglich. Trotzdem habe ich mich auf Anregung des Verlages gerne bereit gefunden, eine Sonderausgabe zu veranstalten; denn es scheint mir in der Tat erwünscht, daß diese Schrift, auch hinsichtlich der Darstellung ein bewunderungswürdiges Meisterstück, in möglichst viele Hände kommt; sie sollte von allen gelesen werden, die heute der Relativitätstheorie ihr Interesse zuwenden. Ich habe einen Kommentar hinzugefügt, in dem 1. die von RIEMANN nur angedeuteten analytischen Rechnungen durchgeführt sind, 2. auf die wichtigste spätere Literatur über den Gegenstand verwiesen und 3. die Brücke zu der modernen, unter dem Zeichen der Relativitätstheorie sich vollziehenden Entwicklung geschlagen wurde. Um der Leserlichkeit willen ist für den Kommentar ein ebenso großer Druck gewählt worden wie für den Haupttext; ich bitte darin keine Anmaßung des Herausgebers erblicken zu wollen. Demjenigen, der nur die großen Prinzipien kennen lernen, nicht aber die Probleme im Detail studieren will, sei dringend geraten, sich durch die formelreichen Erläuterungen nicht im Genuß der Lektüre stören zu lassen. Die dem Vortrag beigegebene Inhaltsübersicht rührt mitsamt den Fußnoten von RIEMANN her.

Trage die Schrift in der vorliegenden Gestalt, wie sie es schon seit ihrem Hervortreten in reichem Maße getan, auch weiterhin das Ihre dazu bei, das Leben der Idee zu fördern!

Zürich, Mai 1919.

H. Weyl.

In den Anmerkungen sind bei Gelegenheit der 2. und 3. Auflage nur unwesentliche Änderungen vorgenommen.

Zürich, März 1923.

H. Weyl.

Inhaltsverzeichnis.

	Seite
Über die Hypothesen, welche der Geometrie zugrunde liegen	1
Plan der Untersuchung	1
I. Begriff einer n-fach ausgedehnten Größe	2
II. Maßverhältnisse, deren eine Mannigfaltigkeit von n Dimensionen fähig ist, unter der Voraussetzung, daß die Linien unabhängig von der Lage eine Länge besitzen, also jede Linie durch jede meßbar ist	6
III. Anwendung auf den Raum	16
Übersicht	21
Erläuterungen (des Herausgebers)	23

Über die Hypothesen, welche der Geometrie zugrunde liegen.

Plan der Untersuchung.

Bekanntlich setzt die Geometrie sowohl den Begriff des Raumes, als die ersten Grundbegriffe für die Konstruktionen im Raume als etwas Gegebenes voraus. Sie gibt von ihnen nur Nominaldefinitionen, während die wesentlichen Bestimmungen in Form von Axiomen auftreten. Das Verhältnis dieser Voraussetzungen bleibt dabei im Dunkeln; man sieht weder ein, ob und inwieweit ihre Verbindung notwendig, noch a priori, ob sie möglich ist.

Diese Dunkelheit wurde auch von EUKLID bis auf LEGENDRE, um den berühmtesten neueren Bearbeiter der Geometrie zu nennen, weder von den Mathematikern noch von den Philosophen, welche sich damit beschäftigten, gehoben. Es hatte dies seinen Grund wohl darin, daß der allgemeine Begriff mehrfach ausgedehnter Größen, unter welchem die Raumgrößen enthalten sind, ganz unbearbeitet blieb. Ich habe mir daher zunächst die Aufgabe gestellt, den Begriff einer mehrfach ausgedehnten Größe aus allgemeinen Größenbegriffen zu konstruieren. Es wird daraus hervorgehen, daß eine mehrfach ausgedehnte Größe verschiedener Maßverhältnisse fähig ist und der Raum also nur einen besonderen Fall einer dreifach ausgedehnten Größe bildet. Hiervon aber ist eine notwendige Folge, daß die Sätze der Geometrie sich nicht aus allgemeinen Größenbegriffen ableiten lassen, sondern daß diejenigen Eigenschaften, durch welche sich der Raum von anderen denkbaren dreifach ausgedehnten Größen unterscheidet, nur aus der Erfahrung entnommen werden können. Hieraus entsteht die Aufgabe, die einfachsten Tatsachen aufzusuchen, aus denen sich die Maßverhältnisse des Raumes bestimmen lassen — eine Aufgabe, die der Natur der Sache nach nicht völlig bestimmt ist; denn es lassen sich mehrere Systeme einfacher Tatsachen angeben, welche zur Bestimmung der Maßverhältnisse des Raumes hinreichen; am wichtigsten ist für den gegenwärtigen Zweck das von EUKLID zugrunde gelegte. Diese Tatsachen sind wie alle Tatsachen nicht notwendig, sondern nur von empirischer Gewißheit, sie sind Hypothesen; man kann also ihre Wahrscheinlichkeit, welche innerhalb der Grenzen der Beobachtung allerdings sehr groß ist, untersuchen und hiernach über die Zulässigkeit ihrer Ausdehnung jenseits der Grenzen der Beobachtung sowohl nach der Seite des Unmeßbargroßen, als nach der Seite des Unmeßbarkleinen urteilen.

I. Begriff einer n-fach ausgedehnten Größe.

Indem ich nun von diesen Aufgaben zunächst die erste, die Entwicklung des Begriffs mehrfach ausgedehnter Größen, zu lösen versuche, glaube ich um so mehr auf eine nachsichtige Beurteilung Anspruch machen zu dürfen, da ich in dergleichen Arbeiten philosophischer Natur, wo die Schwierigkeiten mehr in den Begriffen, als in der Konstruktion liegen, wenig geübt bin und ich außer einigen ganz kurzen Andeutungen, welche Herr Geheimer Hofrat GAUSS in der zweiten Abhandlung über die biquadratischen Reste, in den Göttingenschen gelehrten Anzeigen und in seiner Jubiläumsschrift darüber gegeben hat, und einigen philosophischen Untersuchungen HERBARTS, durchaus keine Vorarbeiten benutzen konnte.

I.

Größenbegriffe sind nur da möglich, wo sich ein allgemeiner Begriff vorfindet, der verschiedene Bestimmungsweisen zuläßt. Je nachdem unter diesen Bestimmungsweisen von einer zu einer andern ein stetiger Übergang stattfindet oder nicht, bilden sie eine stetige oder diskrete Mannigfaltigkeit; die einzelnen Bestimmungsweisen heißen im erstern Falle Punkte, im letztern Elemente dieser Mannigfaltigkeit. Begriffe, deren Bestimmungsweisen eine diskrete Mannigfaltigkeit bilden, sind so häufig, daß sich für beliebig gegebene Dinge wenigstens in den gebildeteren Sprachen immer ein Begriff auffinden läßt, unter welchem sie enthalten sind (und die Mathematiker konnten daher in der Lehre von den diskreten Größen unbedenklich von der Forderung ausgehen, gegebene Dinge als gleichartig zu betrachten); dagegen sind die Veranlassungen zur Bildung von Begriffen, deren Bestimmungsweisen eine stetige Mannigfaltigkeit bilden, im gemeinen Leben so selten, daß die Orte der Sinnengegenstände und die Farben wohl die einzigen einfachen Begriffe sind, deren Bestimmungsweisen eine mehrfach ausgedehnte Mannigfaltigkeit bilden. Häufigere Veranlassung zur Erzeugung und Ausbildung dieser Begriffe findet sich erst in der höhern Mathematik.

Bestimmte, durch ein Merkmal oder eine Grenze unterschiedene Teile einer Mannigfaltigkeit heißen Quanta. Ihre Vergleichung der Quantität nach geschieht bei den diskreten Größen durch Zählung, bei den stetigen durch Messung. Das Messen besteht in einem Aufeinanderlegen der zu vergleichenden Größen; zum Messen wird also ein Mittel erfordert, die eine Größe als Maßstab für die andere fortzutragen. Fehlt dieses, so kann man zwei Größen nur vergleichen, wenn die eine ein Teil der andern ist, und auch dann nur das Mehr oder Minder, nicht das Wieviel entscheiden. Die Untersuchungen, welche sich in diesem Falle über sie anstellen lassen, bilden einen allgemeinen von Maßbestimmungen unabhängigen Teil der Größenlehre, wo die Größen nicht als unabhängig von der Lage existierend und nicht als durch eine Einheit ausdrückbar, sondern als Gebiete in einer Mannigfaltigkeit betrachtet werden. Solche Untersuchungen sind für mehrere Teile der Mathematik, namentlich für die Behandlung der mehrwertigen analytischen Funktionen ein Bedürfnis geworden, und der Mangel derselben ist wohl eine Hauptursache, daß der berühmte ABELsche Satz und die Leistungen von LAGRANGE, PFAFF, JACOBI für die allgemeine Theorie der Differentialgleichungen solange unfruchtbar geblieben sind. Für den gegenwärtigen Zweck genügt es, aus diesem allgemeinen Teile der Lehre von den ausgedehnten Größen, wo weiter nichts vorausgesetzt wird, als was in dem Begriffe derselben schon enthalten ist, zwei Punkte hervorzuheben, wovon der erste die Erzeugung des Begriffs einer mehrfach ausgedehnten Mannigfaltigkeit, der zweite die Zurückführung der Ortsbestimmungen in einer gegebenen Mannigfaltigkeit auf Quantitätsbestimmungen betrifft und das wesentliche Kennzeichen einer n-fachen Ausdehnung deutlich machen wird.

2.

Geht man bei einem Begriffe, dessen Bestimmungsweisen eine stetige Mannigfaltigkeit bilden, von einer Bestimmungsweise auf eine bestimmte Art zu einer andern über, so bilden die durchlaufenen Bestimmungsweisen eine einfach ausgedehnte Mannigfaltigkeit, deren wesentliches Kennzeichen ist, daß in ihr von einem Punkte nur nach zwei Seiten, vorwärts oder rückwärts, ein stetiger Fortgang möglich ist. Denkt man sich nun, daß diese Mannigfaltigkeit wieder in eine andere, völlig verschiedene, übergeht, und zwar wieder auf bestimmte Art, d. h. so, daß jeder Punkt in einen bestimmten Punkt der andern übergeht, so bilden sämtliche so erhaltene Bestimmungsweisen eine zweifach ausgedehnte Mannigfaltigkeit. In ähnlicher Weise erhält man eine dreifach ausgedehnte Mannigfaltigkeit, wenn man sich vorstellt, daß eine zweifach ausgedehnte in eine völlig verschiedene auf bestimmte Art übergeht, und es ist leicht zu sehen, wie man diese Konstruktion fortsetzen kann. Wenn man, anstatt den Begriff als bestimmbar, seinen Gegenstand als veränderlich betrachtet, so kann diese Konstruktion bezeichnet werden als eine Zusammensetzung einer Veränderlichkeit von $n + 1$ Dimensionen aus einer Veränderlichkeit von n Dimensionen und aus einer Veränderlichkeit von Einer Dimension.

3.

Ich werde nun zeigen, wie man umgekehrt eine Veränderlichkeit, deren Gebiet gegeben ist, in eine Veränderlichkeit von einer Dimension und eine Veränderlichkeit von weniger Dimensionen zerlegen kann. Zu diesem Ende denke man sich ein veränderliches Stück einer Mannigfaltigkeit von Einer Dimension — von einem festen Anfangspunkte an gerechnet, so daß die Werte desselben untereinander vergleichbar sind —, welches für jeden Punkt der gegebenen Mannigfaltigkeit einen bestimmten mit ihm stetig sich ändernden Wert hat, oder mit andern Worten, man nehme innerhalb der gegebenen Mannigfaltigkeit eine stetige Funktion des Orts an, und zwar eine solche Funktion, welche nicht längs eines Teils dieser Mannigfaltigkeit konstant ist. Jedes System von Punkten, wo die Funktion einen konstanten Wert hat, bildet dann eine stetige Mannigfaltigkeit von weniger Dimensionen als die gegebene. Diese Mannigfaltigkeiten gehen bei Änderung der Funktion stetig ineinander über; man wird daher annehmen können, daß aus einer von ihnen die übrigen hervorgehen, und es wird dies, allgemein zu reden, so geschehen können, daß jeder Punkt in einen bestimmten Punkt der andern übergeht; die Ausnahmsfälle, deren Untersuchung wichtig ist, können hier unberücksichtigt bleiben. Hierdurch wird die Ortsbestimmung in der gegebenen Mannigfaltigkeit zurückgeführt auf eine Größenbestimmung und auf eine Ortsbestimmung in einer minderfach ausgedehnten Mannigfaltigkeit. Es ist nun leicht zu zeigen, daß diese Mannigfaltigkeit $n-1$ Dimensionen hat, wenn die gegebene Mannigfaltigkeit eine n-fach ausgedehnte ist. Durch n-malige Wiederholung dieses Verfahrens wird daher die Ortsbestimmung in einer n-fach ausgedehnten Mannigfaltigkeit auf n Größenbestimmungen, und also die Ortsbestimmung in einer gegebenen Mannigfaltigkeit, wenn dieses möglich ist, auf eine endliche Anzahl von Quantitätsbestimmungen zurückgeführt. Es gibt indes auch Mannigfaltigkeiten, in welchen die Ortsbestimmung nicht eine endliche Zahl, sondern entweder eine unendliche Reihe oder eine stetige Mannigfaltigkeit von Größenbestimmungen erfordert. Solche Mannigfaltigkeiten bilden z. B. die möglichen Bestimmungen einer Funktion für ein gegebenes Gebiet, die möglichen Gestalten einer räumlichen Figur usw.

II. Maßverhältnisse, deren eine Mannigfaltigkeit von n Dimensionen fähig ist, unter der Voraussetzung, daß die Linien unabhängig von der Lage eine Länge besitzen, also jede Linie durch jede meßbar ist.

Es folgt nun, nachdem der Begriff einer n-fach ausgedehnten Mannigfaltigkeit konstruiert und als wesentliches Kennzeichen derselben gefunden worden ist, daß sich die Ortsbestimmung in derselben auf n Größenbestimmungen zurückführen läßt, als zweite der oben gestellten Aufgaben eine Untersuchung über die Maßverhältnisse, deren eine solche Mannigfaltigkeit fähig ist, und über die Bedingungen, welche zur Bestimmung dieser Maßverhältnisse hinreichen. Diese Maßverhältnisse lassen sich nur in abstrakten Größenbegriffen untersuchen und im Zusammenhange nur durch Formeln darstellen; unter gewissen Voraussetzungen kann man sie indes in Verhältnisse zerlegen, welche einzeln genommen einer geometrischen Darstellung fähig sind, und hierdurch wird es möglich, die Resultate der Rechnung geometrisch auszudrücken. Es wird daher, um festen Boden zu gewinnen, zwar eine abstrakte Untersuchung in Formeln nicht zu vermeiden sein, die Resultate derselben aber werden sich im geometrischen Gewande darstellen lassen. Zu beidem sind die Grundlagen enthalten in der berühmten Abhandlung des Herrn Geheimen Hofrats GAUSS über die krummen Flächen.

I.

Maßbestimmungen erfordern eine Unabhängigkeit der Größen vom Ort, die in mehr als einer Weise stattfinden kann; die zunächst sich darbietende Annahme, welche ich hier verfolgen will, ist wohl die, daß die Länge der Linien unabhängig von der Lage sei, also jede Linie durch jede meßbar sei. Wird die Ortsbestimmung auf Größenbestimmungen zurückgeführt, also die Lage eines Punktes in der gegebenen n-fach ausgedehnten Mannigfaltigkeit durch n veränderliche Größen x_1, x_2, x_3 und so fort bis x_n ausgedrückt, so wird die Bestimmung einer Linie darauf hinauskommen, daß die Größen x als Funktionen Einer Veränderlichen gegeben werden. Die Aufgabe ist dann, für die Länge der Linien einen mathematischen Ausdruck aufzustellen, zu welchem Zwecke die Größen x als in Einheiten ausdrückbar betrachtet werden müssen. Ich werde diese Aufgabe nur unter gewissen Beschränkungen behandeln und beschränke mich erstlich auf solche Linien, in welchen die Verhältnisse zwischen den Größen dx — den zusammengehörigen Änderungen der Größen x — sich stetig ändern; man kann dann die Linien in Elemente zerlegt denken, innerhalb deren die Verhältnisse der Größen dx als konstant betrachtet werden dürfen, und die Aufgabe kommt dann darauf zurück, für jeden Punkt einen allgemeinen Ausdruck des von ihm ausgehenden Linienelements ds aufzustellen, welcher also die Größen x und die Größen dx enthalten wird. Ich nehme nun zweitens an, daß die Länge des Linienelements, von Größen zweiter Ordnung abgesehen, ungeändert bleibt, wenn sämtliche Punkte desselben dieselbe unendlich kleine Ortsänderung erleiden, worin zugleich enthalten ist, daß, wenn sämtliche Größen dx in demselben Verhältnisse wachsen, das Linienelement sich ebenfalls in diesem Verhältnisse ändert. Unter diesen Annahmen wird das Linienelement eine beliebige homogene Funktion ersten Grades der Größen dx sein können, welche ungeändert bleibt, wenn sämtliche Größen dx ihr Zeichen ändern, und worin die willkürlichen Konstanten stetige Funktionen der Größen x sind. Um die einfachsten Fälle zu finden, suche ich zunächst einen Ausdruck für die $(n-1)$-fach ausgedehnten Mannigfaltigkeiten, welche vom Anfangspunkte des Linienelements überall gleich weit abstehen, d. h. ich suche eine stetige Funktion des Orts, welche sie voneinander unterscheidet. Diese wird vom Anfangspunkt aus nach allen Seiten entweder ab- oder zunehmen müssen; ich will annehmen, daß sie nach allen Seiten zunimmt und also in dem Punkte ein Minimum hat. Es muß dann, wenn ihre ersten und zweiten Differentialquotienten endlich sind, das Differential erster Ordnung verschwinden und das zweiter Ordnung darf nie negativ werden; ich nehme an, daß es immer positiv bleibt. Dieser Differentialausdruck zweiter

Ordnung bleibt alsdann konstant, wenn ds konstant bleibt, und wächst im quadratischen Verhältnisse, wenn die Größen dx und also auch ds sich sämtlich in demselben Verhältnisse ändern; er ist also gleich const.ds^2, und folglich ist ds gleich der Quadratwurzel aus einer immer positiven ganzen homogenen Funktion zweiten Grades der Größen dx, in welcher die Koeffizienten stetige Funktionen der Größen x sind. Für den Raum wird, wenn man die Lage der Punkte durch rechtwinklige Koordinaten ausdrückt, $ds = \sqrt{\Sigma(dx)^2}$; der Raum ist also unter diesem einfachsten Falle enthalten. Der nächst einfache Fall würde wohl die Mannigfaltigkeiten umfassen, in welchen sich das Linienelement durch die vierte Wurzel aus einem Differentialausdrucke vierten Grades ausdrücken läßt. Die Untersuchung dieser allgemeinern Gattung würde zwar keine wesentlich andere Prinzipien erfordern, aber ziemlich zeitraubend sein und verhältnismäßig auf die Lehre vom Raume wenig neues Licht werfen, zumal da sich die Resultate nicht geometrisch ausdrücken lassen; ich beschränke mich daher auf die Mannigfaltigkeiten, wo das Linienelement durch die Quadratwurzel aus einem Differentialausdruck zweiten Grades ausgedrückt wird. Man kann einen solchen Ausdruck in einen andern ähnlichen transformieren, indem man für die n unabhängigen Veränderlichen Funktionen von n neuen unabhängigen Veränderlichen setzt. Auf diesem Wege wird man aber nicht jeden Ausdruck in jeden transformieren können; denn der Ausdruck enthält $n\dfrac{n+1}{2}$ Koeffizienten, welche willkürliche Funktionen der unabhängigen Veränderlichen sind; durch Einführung neuer Veränderlicher wird man aber nur n Relationen genügen und also nur n der Koeffizienten gegebenen Größen gleich machen können. Es sind dann die übrigen $n\dfrac{n-1}{2}$

durch die Natur der darzustellenden Mannigfaltigkeit schon völlig bestimmt, und zur Bestimmung ihrer Maßverhältnisse also $n\frac{n-1}{2}$ Funktionen des Orts erforderlich. Die Mannigfaltigkeiten, in welchen sich, wie in der Ebene und im Raume, das Linienelement auf die Form $\sqrt{\Sigma dx^2}$ bringen läßt, bilden daher nur einen besonderen Fall der hier zu untersuchenden Mannigfaltigkeiten; sie verdienen wohl einen besonderen Namen, und ich will also diese Mannigfaltigkeiten, in welchen sich das Quadrat des Linienelements auf die Summe der Quadrate von selbständigen Differentialien bringen läßt, eben nennen. Um nun die wesentlichen Verschiedenheiten sämtlicher in der vorausgesetzten Form darstellbarer Mannigfaltigkeiten übersehen zu können, ist es nötig, die von der Darstellungsweise herrührenden zu beseitigen, was durch Wahl der veränderlichen Größen nach einem bestimmten Prinzip erreicht wird.

2.

Zu diesem Ende denke man sich von einem beliebigen Punkte aus das System der von ihm ausgehenden kürzesten Linien konstruiert; die Lage eines unbestimmten Punktes wird dann bestimmt werden können durch die Anfangsrichtung der kürzesten Linie, in welcher er liegt, und durch seine Entfernung in derselben vom Anfangspunkte und kann daher durch die Verhältnisse der Größen dx^0, d. h. der Größen dx im Anfang dieser kürzesten Linie und durch die Länge s dieser Linie ausgedrückt werden. Man führe nun statt dx^0 solche aus ihnen gebildete lineare Ausdrücke da ein, daß der Anfangswert des Quadrats des Linienelements gleich der Summe der Quadrate dieser Ausdrücke wird, so daß die unabhängigen Variabeln sind: die Größe s und die Verhältnisse der Größen da; und setze schließlich statt da

solche ihnen proportionale Größen x_1, x_2, ..., x_n, daß die Quadratsumme gleich s^2 wird. Führt man diese Größen ein, so wird für unendlich kleine Werte von x das Quadrat des Linienelements gleich Σdx^2, das Glied der nächsten Ordnung in demselben aber gleich einem homogenen Ausdruck zweiten Grades der $n\dfrac{n-1}{2}$ Größen $(x_1 dx_2 - x_2 d x_1)$, $(x_1 dx_3 - x_3 dx_1)$, ..., also eine unendlich kleine Größe von der vierten Dimension, so daß man eine endliche Größe erhält, wenn man sie durch das Quadrat des unendlich kleinen Dreiecks dividiert, in dessen Eckpunkten die Werte der Veränderlichen sind (0, 0, 0, ...), $(x_1, x_2, x_3 ...)$, $(dx_1, dx_2, dx_3, ...)$. Diese Größe behält denselben Wert, solange die Größen x und dx in denselben binären Linearformen enthalten sind, oder solange die beiden kürzesten Linien von den Werten 0 bis zu den Werten x und von den Werten 0 bis zu den Werten dx in demselben Flächenelement bleiben, und hängt also nur von Ort und Richtung desselben ab. Sie wird offenbar $= 0$, wenn die dargestellte Mannigfaltigkeit eben, d. h. das Quadrat des Linienelements auf Σdx^2 reduzierbar ist, und kann daher als das Maß der in diesem Punkte in dieser Flächenrichtung stattfindenden Abweichung der Mannigfaltigkeit von der Ebenheit angesehen werden. Multipliziert mit $-\dfrac{3}{4}$ wird sie der Größe gleich, welche Herr Geheimer Hofrat GAUSS das Krümmungsmaß einer Fläche genannt hat. Zur Bestimmung der Maßverhältnisse einer n-fach ausgedehnten, in der vorausgesetzten Form darstellbaren Mannigfaltigkeit wurden vorhin $n\dfrac{n-1}{2}$ Funktionen des Orts nötig gefunden; wenn also das Krümmungsmaß in jedem Punkte in $n\dfrac{n-1}{2}$ Flächenrichtungen gegeben wird, so werden daraus die Maßverhältnisse der Mannigfaltigkeit sich bestimmen lassen, wofern nur zwischen diesen Werten keine identischen Relationen stattfinden, was in der Tat, allgemein zu reden, nicht der Fall ist. Die Maßverhältnisse dieser Mannigfaltigkeiten, wo das Linienelement durch die Quadratwurzel aus einem Differentialausdruck zweiten Grades dargestellt wird, lassen sich so auf eine von der Wahl der veränderlichen Größen völlig unabhängige Weise ausdrücken. Ein ganz ähnlicher Weg läßt sich zu diesem Ziele auch bei den Mannigfaltigkeiten einschlagen, in welchen das Linienelement durch einen weniger einfachen Ausdruck, z. B. durch die vierte Wurzel aus einem Differentialausdruck vierten Grades, ausgedrückt wird. Es würde sich dann das Linienelement, allgemein zu reden, nicht mehr auf die Form der Quadratwurzel aus einer Quadratsumme von Differentialausdrücken bringen lassen und also in dem Ausdrucke für das Quadrat des Linienelements die Abweichung von der Ebenheit eine unendlich kleine Größe von der zweiten Dimension sein, während sie bei jenen Mannigfaltigkeiten eine unendlich kleine Größe von der vierten Dimension war. Diese Eigentümlichkeit der letzten Mannigfaltigkeiten kann daher wohl Ebenheit in den kleinsten Teilen genannt werden. Die für den jetzigen Zweck wichtigste Eigentümlichkeit dieser Mannigfaltigkeiten, derentwegen sie hier allein untersucht worden sind, ist aber die, daß sich die Verhältnisse der zweifach ausgedehnten geometrisch durch Flächen darstellen und die der mehrfach ausgedehnten auf die der in ihnen enthaltenen Flächen zurückführen lassen, was jetzt noch einer kurzen Erörterung bedarf.

3.

In die Auffassung der Flächen mischt sich neben den inneren Maßverhältnissen, bei welchen nur die Länge der Wege in ihnen in Betracht kommt, immer auch ihre Lage zu außer ihnen gelegenen Punkten. Man kann aber von den äußeren Verhältnissen abstrahieren, indem man solche Veränderungen mit ihnen vornimmt, bei denen die Länge der Linien in ihnen ungeändert bleibt, d. h. sie sich beliebig — ohne Dehnung — gebogen denkt, und alle so auseinander entstehenden Flächen als gleichartig betrachtet. Es gelten also z. B. beliebige zylindrische oder konische Flächen einer Ebene gleich, weil sie sich durch bloße Biegung aus ihr bilden lassen, wobei die inneren Maßverhältnisse bleiben, und sämtliche Sätze über dieselben — also die ganze Planimetrie — ihre Gültigkeit behalten; dagegen gelten sie als wesentlich verschieden von der Kugel, welche sich nicht ohne Dehnung in eine Ebene verwandeln läßt. Nach der vorigen Untersuchung werden in jedem Punkte die inneren Maßverhältnisse einer zweifach ausgedehnten Größe, wenn sich das Linienelement durch die Quadratwurzel aus einem Differentialausdruck zweiten Grades ausdrücken läßt, wie dies bei den Flächen der Fall ist, charakterisiert durch das Krümmungsmaß. Dieser Größe läßt sich nun bei den Flächen die anschauliche Bedeutung geben, daß sie das Produkt aus den beiden Krümmungen der Fläche in diesem Punkte ist, oder auch, daß das Produkt derselben in ein unendlich kleines aus kürzesten Linien gebildetes Dreieck gleich ist dem Überschusse seiner Winkelsumme über zwei Rechte in Teilen des Halbmessers. Die erste Definition würde den Satz voraussetzen, daß das Produkt der beiden Krümmungshalbmesser bei der bloßen Biegung einer Fläche ungeändert bleibt, die zweite, daß an demselben Orte der Überschuß der Winkelsumme eines unendlich kleinen Dreiecks über zwei Rechte seinem Inhalte proportional ist. Um dem Krümmungsmaß einer n-fach ausgedehnten Mannigfaltigkeit in einem gegebenen Punkte und einer gegebenen durch ihn gelegten Flächenrichtung eine greifbare Bedeutung zu geben, muß man davon ausgehen, daß eine von einem Punkte ausgehende kürzeste Linie völlig bestimmt ist, wenn ihre Anfangsrichtung gegeben ist. Hiernach wird man eine bestimmte Fläche erhalten, wenn man sämtliche von dem gegebenen Punkte ausgehenden und in dem gegebenen Flächenelement liegenden Anfangsrichtungen zu kürzesten Linien verlängert, und diese Fläche hat in dem gegebenen Punkte ein bestimmtes Krümmungsmaß, welches zugleich das Krümmungsmaß der n-fach ausgedehnten Mannigfaltigkeit in dem gegebenen Punkte und der gegebenen Flächenrichtung ist.

4.

Es sind nun noch, ehe die Anwendung auf den Raum gemacht wird, einige Betrachtungen über die ebenen Mannigfaltigkeiten im allgemeinen nötig, d. h. über diejenigen, in welchen das Quadrat des Linienelements durch eine Quadratsumme vollständiger Differentialien darstellbar ist.

In einer ebenen n-fach ausgedehnten Mannigfaltigkeit ist das Krümmungsmaß in jedem Punkte in jeder Richtung Null; es reicht aber nach der früheren Untersuchung, um die Maßverhältnisse zu bestimmen, hin, zu wissen, daß es in jedem Punkte in $n\frac{n-1}{2}$ Flächenrichtungen, deren Krümmungsmaße voneinander unabhängig sind, Null sei. Die Mannigfaltigkeiten, deren Krümmungsmaß überall $= 0$ ist, lassen sich betrachten als ein besonderer Fall derjenigen Mannigfaltigkeiten, deren Krümmungsmaß allenthalben konstant ist. Der gemeinsame Charakter dieser Mannigfaltigkeiten, deren Krümmungsmaß konstant ist, kann auch so ausgedrückt werden, daß sich die Figuren in ihnen ohne Dehnung bewegen lassen. Denn offenbar würden die Figuren in ihnen nicht beliebig verschiebbar und drehbar sein können, wenn nicht in jedem Punkte in allen Richtungen das Krümmungsmaß dasselbe wäre. Andererseits aber sind durch das Krümmungsmaß die Maßverhältnisse der Mannigfaltigkeit vollständig bestimmt; es sind daher um einen Punkt nach allen Richtungen die Maßverhältnisse genau dieselben, wie um einen andern, und also von ihm aus dieselben Konstruktionen ausführbar, und folglich kann in den Mannigfaltigkeiten mit konstantem Krümmungsmaß den Figuren jede beliebige Lage gegeben werden. Die Maßverhältnisse dieser Mannigfaltigkeiten hängen nur von dem Werte des Krümmungsmaßes ab, und inbezug auf die analytische Darstellung mag bemerkt werden, daß, wenn man diesen Wert durch α bezeichnet, dem Ausdruck für das Linienelement die Form

$$\frac{1}{1+\frac{\alpha}{4}\Sigma x^2}\sqrt{\Sigma\,dx^2}$$

gegeben werden kann.

5.

Zur geometrischen Erläuterung kann die Betrachtung der Flächen mit konstantem Krümmungsmaß dienen. Es ist leicht zu sehen, daß sich die Flächen, deren Krümmungsmaß positiv ist, immer auf eine Kugel, deren Radius gleich 1 dividiert durch die Wurzel aus dem Krümmungsmaß ist, wickeln lassen werden; um aber die ganze Mannigfaltigkeit dieser Flächen zu übersehen, gebe man einer derselben die Gestalt einer Kugel und den übrigen die Gestalt von Umdrehungsflächen, welche sie im Äquator berühren. Die Flächen mit größerem Krümmungsmaß als diese Kugel werden dann die Kugel von innen berühren und eine Gestalt annehmen, wie der äußere der Achse abgewandte Teil der Oberfläche eines Ringes; sie würden sich auf Zonen von Kugeln mit kleinerem Halbmesser wickeln lassen, aber mehr als einmal herumreichen. Die Flächen mit kleinerem positiven Krümmungsmaß wird man erhalten, wenn man aus

Kugelflächen mit größerem Radius ein von zwei größten Halbkreisen begrenztes Stück ausschneidet und die Schnittlinien zusammenfügt. Die Fläche mit dem Krümmungsmaß Null wird eine auf dem Äquator stehende Zylinderfläche sein; die Flächen mit negativem Krümmungsmaß aber werden diesen Zylinder von außen berühren und wie der innere der Achse zugewandte Teil der Oberfläche eines Ringes geformt sein. Denkt man sich diese Flächen als Ort für in ihnen bewegliche Flächenstücke, wie den Raum als Ort für Körper, so sind in allen diesen Flächen die Flächenstücke ohne Dehnung beweglich. Die Flächen mit positivem Krümmungsmaß lassen sich stets so formen, daß die Flächenstücke auch ohne Biegung beliebig bewegt werden können, nämlich zu Kugelflächen, die mit negativem aber nicht. Außer dieser Unabhängigkeit der Flächenstücke vom Ort findet bei der Fläche mit dem Krümmungsmaß Null auch eine Unabhängigkeit der Richtung vom Ort statt, welche bei den übrigen Flächen nicht stattfindet.

III. Anwendung auf den Raum.

1.

Nach diesen Untersuchungen über die Bestimmung der Maßverhältnisse einer n-fach ausgedehnten Größe lassen sich nun die Bedingungen angeben, welche zur Bestimmung der Maßverhältnisse des Raumes hinreichend und notwendig sind, wenn Unabhängigkeit der Linien von der Lage und Darstellbarkeit des Linienelements durch die Quadratwurzel aus einem Differentialausdrucke zweiten Grades, also Ebenheit in den kleinsten Teilen vorausgesetzt wird.

Sie lassen sich erstens so ausdrücken, daß das Krümmungsmaß in jedem Punkte in drei Flächenrichtungen $= 0$ ist, und es sind daher die Maßverhältnisse des Raumes bestimmt, wenn die Winkelsumme im Dreieck allenthalben gleich zwei Rechten ist.

Setzt man aber zweitens, wie EUKLID, nicht bloß eine von der Lage unabhängige Existenz der Linien, sondern auch der Körper voraus, so folgt, daß das Krümmungsmaß allenthalben konstant ist, und es ist dann in allen Dreiecken die Winkelsumme bestimmt, wenn sie in Einem bestimmt ist. Endlich könnte man drittens, anstatt die Länge der Linien als unabhängig von Ort und Richtung anzunehmen, auch eine Unabhängigkeit ihrer Länge und Richtung vom Ort voraussetzen. Nach dieser Auffassung sind die Ortsänderungen oder Ortsverschiedenheiten komplexe, in drei unabhängigen Einheiten ausdrückbare Größen.

2.

Im Laufe der bisherigen Betrachtungen wurden zunächst die Ausdehnungs- oder Gebietsverhältnisse von den Maßverhältnissen gesondert und gefunden, daß bei denselben Ausdehnungsverhältnissen verschiedene Maßverhältnisse denkbar sind; es wurden dann die Systeme einfacher Maßbestimmungen aufgesucht, durch welche die Maßverhältnisse des Raumes völlig bestimmt sind und von welchen alle Sätze über dieselben eine notwendige Folge sind; es bleibt nun die Frage zu erörtern, wie, in welchem Grade und in welchem Umfange diese Voraussetzungen durch die Erfahrung verbürgt werden. In dieser Beziehung findet zwischen den bloßen Ausdehnungsverhältnissen und den Maßverhältnissen eine wesentliche Verschiedenheit statt, insofern bei erstern, wo die möglichen Fälle eine diskrete Mannigfaltigkeit bilden, die Aussagen der Erfahrung zwar nie völlig gewiß, aber nicht ungenau sind, während bei letztern, wo die möglichen Fälle eine stetige Mannigfaltigkeit bilden, jede Bestimmung aus der Erfahrung immer ungenau bleibt — es mag die Wahrscheinlichkeit, daß sie nahe richtig ist, noch so groß sein. Dieser Umstand wird wichtig bei der Ausdehnung dieser empirischen Bestimmungen über die Grenzen der Beobachtung ins Unmeßbargroße und Unmeßbarkleine; denn die letztern können offenbar jenseits der Grenzen der Beobachtung immer ungenauer werden, die ersteren aber nicht.

Bei der Ausdehnung der Raumkonstruktionen ins Unmeßbargroße ist Unbegrenztheit und Unendlichkeit zu scheiden; jene gehört zu den Ausdehnungsverhältnissen, diese zu den Maßverhältnissen. Daß der Raum eine unbegrenzte dreifach ausgedehnte Mannigfaltigkeit sei, ist eine Voraussetzung, welche bei jeder Auffassung der Außenwelt angewandt wird, nach welcher in jedem Augenblicke das Gebiet der wirklichen Wahrnehmungen ergänzt und die möglichen Orte eines gesuchten Gegenstandes konstruiert werden und welche sich bei diesen Anwendungen fortwährend bestätigt. Die Unbegrenztheit des Raumes besitzt daher eine größere empirische Gewißheit als irgend eine äußere Erfahrung. Hieraus folgt aber die Unendlichkeit keineswegs; vielmehr würde der Raum, wenn man Unabhängigkeit der Körper vom Ort voraussetzt, ihm also ein konstantes Krümmungsmaß zuschreibt, notwendig endlich sein, sobald dieses Krümmungsmaß einen noch so kleinen positiven Wert hätte. Man würde, wenn man die in einem Flächenelement liegenden Anfangsrichtungen zu kürzesten Linien verlängert, eine unbegrenzte Fläche mit konstantem positiven Krümmungsmaß, also eine Fläche erhalten, welche in einer ebenen dreifach ausgedehnten Mannigfaltigkeit die Gestalt einer Kugelfläche annehmen würde und welche folglich endlich ist.

3.

Die Fragen über das Unmeßbargroße sind für die Naturerklärung müßige Fragen. Anders verhält es sich aber mit den Fragen über das Unmeßbarkleine. Auf der Genauigkeit, mit welcher wir die Erscheinungen ins Unendlichkleine verfolgen, beruht wesentlich die Erkenntnis ihres Kausalzusammenhangs. Die Fortschritte der letzten Jahrhunderte in der Erkenntnis der mechanischen Natur sind fast allein bedingt durch die Genauigkeit der Konstruktion, welche durch die Erfindung der Analysis des Unendlichen und die von ARCHIMED, GALILEI und NEWTON aufgefundenen einfachen Grundbegriffe, deren sich die heutige Physik bedient, möglich geworden ist. In den Naturwissenschaften aber, wo die einfachen Grundbegriffe zu solchen Konstruktionen bis jetzt fehlen, verfolgt man, um den Kausalzusammenhang zu erkennen, die Erscheinungen ins räumlich Kleine, soweit es das Mikroskop nur gestattet. Die Fragen über die Maßverhältnisse des Raumes im Unmeßbarkleinen gehören also nicht zu den müßigen.

Setzt man voraus, daß die Körper unabhängig vom Ort existieren, so ist das Krümmungsmaß überall konstant, und es folgt dann aus den astronomischen Messungen, daß es nicht von Null verschieden sein kann; jedenfalls müßte sein reziproker Wert eine Fläche sein, gegen welche das unsern Teleskopen zugängliche Gebiet verschwinden müßte. Wenn aber eine solche Unabhängigkeit der Körper vom Ort nicht stattfindet, so kann man aus den Maßverhältnissen im Großen nicht auf die im Unendlichkleinen schließen; es kann dann in jedem Punkte das Krümmungsmaß in drei Richtungen einen beliebigen Wert haben, wenn nur die ganze Krümmung jedes meßbaren Raumteils nicht merklich von Null verschieden ist; noch kompliziertere Verhältnisse können eintreten, wenn die vorausgesetzte Darstellbarkeit eines Linienelements durch die Quadratwurzel aus einem Differentialausdruck zweiten Grades nicht stattfindet. Nun scheinen aber die empirischen Begriffe, in welchen die räumlichen Maßbestimmungen gegründet sind, der Begriff des festen Körpers und des Lichtstrahls, im Unendlichkleinen ihre

Gültigkeit zu verlieren; es ist also sehr wohl denkbar, daß die Maßverhältnisse des Raumes im Unendlichkleinen den Voraussetzungen der Geometrie nicht gemäß sind, und dies würde man in der Tat annehmen müssen, sobald sich dadurch die Erscheinungen auf einfachere Weise erklären ließen.

Die Frage über die Gültigkeit der Voraussetzungen der Geometrie im Unendlichkleinen hängt zusammen mit der Frage nach dem innern Grunde der Maßverhältnisse des Raumes. Bei dieser Frage, welche wohl noch zur Lehre vom Raume gerechnet werden darf, kommt die obige Bemerkung zur Anwendung, daß bei einer diskreten Mannigfaltigkeit das Prinzip der Maßverhältnisse schon in dem Begriffe dieser Mannigfaltigkeit enthalten ist, bei einer stetigen aber anders woher hinzukommen muß. Es muß also entweder das dem Raume zugrunde liegende Wirkliche eine diskrete Mannigfaltigkeit bilden, oder der Grund der Maßverhältnisse außerhalb, in darauf wirkenden bindenden Kräften gesucht werden.

Die Entscheidung dieser Fragen kann nur gefunden werden, indem man von der bisherigen durch die Erfahrung bewährten Auffassung der Erscheinungen, wozu NEWTON den Grund gelegt, ausgeht und diese durch Tatsachen, die sich aus ihr nicht erklären lassen, getrieben, allmählich umarbeitet; solche Untersuchungen, welche, wie die hier geführte, von allgemeinen Begriffen ausgehen, können nur dazu dienen, daß diese Arbeit nicht durch die Beschränktheit der Begriffe gehindert und der Fortschritt im Erkennen des Zusammenhangs der Dinge nicht durch überlieferte Vorurteile gehemmt wird.

Es führt dies hinüber in das Gebiet einer andern Wissenschaft, in das Gebiet der Physik, welches wohl die Natur der heutigen Veranlassung nicht zu betreten erlaubt.

Übersicht.

Plan der Untersuchung.

I. Begriff einer n-fach ausgedehnten Größe[1]).

§ 1. Stetige und diskrete Mannigfaltigkeiten. Bestimmte Teile einer Mannigfaltigkeit heißen Quanta. Einteilung der Lehre von den stetigen Größen in die Lehre

1. von den bloßen Gebietsverhältnissen, bei welcher eine Unabhängigkeit der Größen vom Ort nicht vorausgesetzt wird,
2. von den Maßverhältnissen, bei welcher eine solche Unabhängigkeit vorausgesetzt werden muß.

§ 2. Erzeugung des Begriffs einer einfach, zweifach,..., n-fach ausgedehnten Mannigfaltigkeit.

§ 3. Zurückführung der Ortsbestimmung in einer gegebenen Mannigfaltigkeit auf Quantitätsbestimmungen. Wesentliches Kennzeichen einer n-fach ausgedehnten Mannigfaltigkeit.

II. Maßverhältnisse, deren eine Mannigfaltigkeit von n Dimensionen fähig ist[2]), unter der Voraussetzung, daß die Linien unabhängig von der Lage eine Länge besitzen, also jede Linie durch jede meßbar ist.

§ 1. Ausdruck des Linienelements. Als eben werden solche Mannigfaltigkeiten betrachtet, in denen das Linienelement durch die Wurzel aus einer Quadratsumme vollständiger Differentialien ausdrückbar ist.

---

[1]) Art. I bildet zugleich die Vorarbeit für Beiträge zur Analysis situs.

[2]) Die Untersuchung über die möglichen Maßbestimmungen einer n-fach ausgedehnten Mannigfaltigkeit ist sehr unvollständig, indes für den gegenwärtigen Zweck wohl ausreichend.

§ 2. Untersuchung der n-fach ausgedehnten Mannigfaltigkeiten, in welchen das Linienelement durch die Quadratwurzel aus einem Differentialausdruck zweiten Grades dargestellt werden kann. Maß ihrer Abweichung von der Ebenheit (Krümmungsmaß) in einem gegebenen Punkte und einer gegebenen Flächenrichtung. Zur Bestimmung ihrer Maßverhältnisse ist es (unter gewissen Beschränkungen) zulässig und hinreichend, daß das Krümmungsmaß in jedem Punkte in $n\dfrac{n-1}{2}$ Flächenrichtungen beliebig gegeben wird.

§ 3. Geometrische Erläuterung.

§ 4. Die ebenen Mannigfaltigkeiten (in denen das Krümmungsmaß allenthalben $= 0$ ist) lassen sich betrachten als einen besondern Fall der Mannigfaltigkeiten mit konstantem Krümmungsmaß. Diese können auch dadurch definiert werden, daß in ihnen Unabhängigkeit der n-fach ausgedehnten Größen vom Ort (Bewegbarkeit derselben ohne Dehnung) stattfindet.

§ 5. Flächen mit konstantem Krümmungsmaße.

III. Anwendung auf den Raum.

§ 1. Systeme von Tatsachen, welche zur Bestimmung der Maßverhältnisse des Raumes, wie die Geometrie sie voraussetzt, hinreichen.

§ 2. Inwieweit ist die Gültigkeit dieser empirischen Bestimmungen wahrscheinlich jenseits der Grenzen der Beobachtung im Unmeßbargroßen?

§ 3. Inwieweit im Unendlichkleinen? Zusammenhang dieser Frage mit der Naturerklärung[1]).

---

[1]) Der § 3 des Art. III. bedarf noch einer Umarbeitung und weiteren Ausführung.

Erläuterungen.

1. (Zu Teil I.) In neuerer Zeit ist versucht worden, durch präzise Axiome festzulegen, welche Eigenschaften man allgemein einer stetigen Mannigfaltigkeit zuschreiben muß, damit dieser Begriff ein sicheres Fundament für die mathematische Analyse abgeben kann. Vgl. WEYL, Die Idee der Riemannschen Fläche, Leipzig 1913, Kap. I, § 4; HAUSDORFF, Grundzüge der Mengenlehre, Leipzig 1914, Kap. VII und VIII; für eine genetische Konstruktion durch fortgesetzte Teilung, bei welcher das Kontinuum nicht mehr atomistisch, als ein System einzelner diskreter Elemente aufgefaßt wird: BROUWER, Math. Ann. Bd. 71, 1912, S. 97; WEYL, Über die neue Grundlagenkrise der Mathematik, Mathem. Zeitschr. Bd. 10, S. 77. Als Charakteristikum einer n-dimensionalen Mannigfaltigkeit verwendet man am einfachsten die Forderung, daß sich eine solche (oder wenigstens jedes hinreichend kleine Stück einer solchen) umkehrbar-eindeutig und stetig auf die Wertsysteme von n Koordinaten x_i (stetigen Funktionen des Orts innerhalb der Mannigfaltigkeit) abbilden läßt. Erst wenn die Mannigfaltigkeit auf ein derartiges Koordinatensystem bezogen ist, besteht die Möglichkeit, alle an die Mannigfaltigkeit gebundenen Größen durch Zahlangaben zu charakterisieren. Der Willkürlichkeit des Koordinatensystems ist durch Aufstellung einer „Invariantentheorie" Rechnung zu tragen, und zwar kommt hier die Invarianz gegenüber beliebigen umkehrbar-eindeutigen stetigen Transformationen in Betracht. Vor allem muß von

der Dimensionenzahl selber gezeigt werden, daß sie eine derartige Invariante ist, weil sonst der Dimensionsbegriff ganz in der Luft hängt. Dieser Beweis wurde erbracht von BROUWER (Math. Ann. Bd. 70, 1911, S. 161—165; vgl. dazu auch Math. Ann. Bd. 72, 1912, S. 55—56). Für die weiteren Untersuchungen RIEMANNS über die Maß-bestimmung muß freilich vorausgesetzt werden, daß aus der inneren Natur der Mannigfaltigkeit ein solcher Koordinatenbegriff sich ergibt, daß der Zusammenhang zwischen irgend zwei Koordinatensystemen durch Funktionen hergestellt wird, die nicht nur stetig sind, sondern auch stetig differentiierbar und die zu umkehrbar-eindeutigen linearen Beziehungen zwischen den Differentialen der Koordinaten beider Systeme führen; denn sonst könnte von einem Linienelement überhaupt nicht gesprochen werden. In diesem Falle ist die Invarianz der Dimensionszahl eine Selbstverständlichkeit; die Funktionaldeterminante der Koordinatentransformation ist $\neq$ 0.

Eine zu der RIEMANNschen analoge, rekurrente Erklärung der Dimensionszahl, die sich enger an die Anschauung anschließt als die „arithmetische" Definition durch die Anzahl der Koordinaten, ist von H. POINCARÉ vorgeschlagen worden (Revue de métaphysique et de morale 1912, S. 486, 487); das Verhältnis dieses (in geeigneter Weise präzisierten) „natürlichen" Dimensionsbegriffs zu dem arithmetischen wurde von BROUWER untersucht (Journal f. d. reine u. angew. Mathematik, Bd. 142, S. 146—152).

2. (Zu Teil II, Absatz 1.) Die Annahme, daß ds^2 eine quadratische Differentialform ist, kommt offenbar darauf hinaus, daß im Unendlichkleinen der Pythagoreische Lehrsatz gelten soll. Es ist diese Annahme nicht nur die einfachste, die möglich ist, sondern sie ist vor allen andern auch in ganz besonderer Weise ausgezeichnet. Geht man mit

RIEMANN von der Voraussetzung des meßbaren Linienelements aus, so empfängt die Mannigfaltigkeit in einem Punkte P eine Maßbestimmung dadurch, daß jedem Linienelement (mit den Komponenten dx_i) in P eine Maßzahl

(1) $$ds = f_P(dx_1, dx_2, \ldots, dx_n)$$

zugewiesen wird. f_P wird als eine homogene Funktion der ersten Ordnung in dem Sinne vorauszusetzen sein, daß bei Multiplikation der Argumente dx_i mit einem gemeinsamen reellen Proportionalitätsfaktor ϱ die Funktion f_P sich mit $|\varrho|$ multipliziert. Es wird weiter natürlich sein, vorauszusetzen, daß sich die verschiedenen Punkte der Mannigfaltigkeit nicht schon hinsichtlich der in jedem von ihnen herrschenden Maßbestimmung unterscheiden; das formuliert sich analytisch dahin, daß die den verschiedenen Punkten P entsprechenden Funktionen f_P alle aus einer, f, durch lineare Transformation der Variablen hervorgehen. Dies ist der Fall, wenn f_P^2 an jeder Stelle eine positiv-definitive quadratische Form ist:

(2) $$f = \sqrt{(dx_1)^2 + (dx_2)^2 + \ldots + (dx_n)^2};$$

es ist aber im allgemeinen nicht der Fall, wenn f_P die 4. Wurzel aus einer Form 4. Grades ist mit von Ort zu Ort veränderlichen Koeffizienten. Daher formuliert man das Raumproblem vielleicht besser folgendermaßen: Alle Funktionen, welche aus einer, f, durch lineare Transformation der Variablen hervorgehen, rechne ich zu einer Klasse (f). Jeder solchen Klasse (f) von homogenen Funktionen erster Ordnung entspricht eine besondere Art von Geometrie: in einem metrischen Raum von der Art (f) gehört die Funktion f_P, welche nach (1) an jeder Stelle P des Raumes die Maßzahlen der Linienelemente bestimmt, der Klasse (f) an. Diese Festsetzung ist unabhängig von der Wahl der Koordinaten x_i. Unter diesen Raumarten ist die Pythagoreisch-Riemannsche, die der Funktion (2) entspricht, eine einzige spezielle. Es fragt sich, auf welchen inneren Gründen ihre Vorzugsstellung beruht.

Eine erste befriedigende Antwort auf diese Frage wurde durch Untersuchungen von HELMHOLTZ und LIE gegeben (HELMHOLTZ, Über die Tatsachen, welche der Geometrie zugrunde liegen, Nachr. d. Ges. d. Wissensch. zu Göttingen 1868, S. 193—221; LIE, Über die Grundlagen der Geometrie, Verh. d. Sächs. Ges. d. Wissensch. zu Leipzig, Bd. 42, 1890, S. 284—321). Die n-dimensionale Mannigfaltigkeit besitze infinitesimale Beweglichkeit in dem Sinne, daß ein unendlichkleiner, den Punkt O enthaltender Körper um O frei drehbar ist, derart, daß seine Maßverhältnisse dabei in erster Ordnung ungeändert bleiben und durch solche Drehungen einem Linienelement in O eine beliebige Richtung erteilt werden kann, einem durch dasselbe hindurchgehenden Flächenelement eine beliebige, diese Linienrichtung enthaltende Flächenrichtung, usf. bis zu den Elementen von $(n-1)$ Dimensionen; wenn aber ein solches System inzidenter Richtungselemente der 1. bis $(n-1)$-ten Dimension in O festgehalten wird, lasse jener Körper keine Bewegung um O mehr zu. Die Drehungen werden eine gewisse Gruppe homogener linearer Transformationen der Differentiale dx_i bilden. Und nun ergibt sich, daß diese Gruppe notwendig aus allen linearen Transformationen besteht, die eine gewisse positiv-definite quadratische Form ds^2 in sich überführen. So hat die Forderung der infinitesimalen Beweglichkeit 1. die Tatsache zur Folge, daß sich Linienelemente an der gleichen Stelle messend miteinander vergleichen lassen, und 2. für ihre Maßzahlen ds die Gültigkeit des Pythagoreischen Lehrsatzes.

Eine ganz andere Lösung des Raumproblems, welche der neuen durch die Relativitätstheorie geschaffenen Situation voll Rechnung trägt, rührt von WEYL her. Vgl. darüber den Vortrag „Das Raumproblem", Jahresbericht der Dtsch.

Math.-Vereinig. 1923, ferner: Mathem. Zeitschr. Bd. 12 (1922), S. 114, und die demnächst bei Julius Springer (Berlin) erscheinenden Vorlesungen über die „Mathematische Analyse des Raumproblems".

Geometrische Untersuchungen in Räumen, die in jedem Punkte eine beliebige Maßbestimmung tragen im Sinne der Gleichung (1), sind neuerdings von P. FINSLER angestellt worden (Über Kurven und Flächen in allgemeinen Räumen, Göttinger Dissertation 1918).

3. (Zu Teil II, Absatz 2.) Hat das Linienelement die Gestalt[1])

$$(3) \quad ds^2 = g_{ik}\,dx_i\,dx_k, \quad (g_{ki} = g_{ik})$$

so liefern die klassischen Methoden der Variationsrechnung als Bedingung dafür, daß eine die gegebenen Punkte A, B der Mannigfaltigkeit miteinander verbindende Linie $x_i = x_i(s)$ im Vergleich zu allen, hinreichend benachbarten, von A nach B führenden Linien die kürzeste oder wenigstens eine stationäre Länge besitzt (Verschwinden der ersten Variation) die folgenden Gleichungen

$$(4) \quad \frac{d}{ds}\left(g_{ij}\frac{dx_j}{ds}\right) = \frac{1}{2}\frac{\partial g_{\alpha\beta}}{\partial x_i}\frac{dx_\alpha}{ds}\frac{dx_\beta}{ds}.$$

Dabei ist vorausgesetzt, daß als Parameter s die von einem bestimmten Anfangspunkt gemessene Bogenlänge der Kurve genommen wird oder doch eine Größe, die ihr proportional ist; so daß längs der Kurve (wie übrigens aus (4) folgt)

$$(5) \quad g_{ik}\frac{dx_i}{ds}\frac{dx_k}{ds} \text{ eine Konstante}$$

---

[1]) Über Indizes, die in einem Formelglied doppelt auftreten, wie hier die Indizes i und k, ist stets zu summieren; diese Übereinkunft erspart uns das Hinschreiben vieler Summenzeichen.

ist. Die linke Seite von (4) ist

$$= \frac{\partial g_{i\alpha}}{\partial x_\beta} \frac{dx_\alpha}{ds} \frac{dx_\beta}{ds} + g_{ij} \frac{d^2 x_j}{ds^2}.$$

Man schaffe das erste Glied auf die rechte Seite und führe zur Abkürzung die „Christoffelschen Dreiindizessymbole" ein, d. s. die Größen

$$\frac{1}{2} \left(\frac{\partial g_{i\alpha}}{\partial x_\beta} + \frac{\partial g_{i\beta}}{\partial x_\alpha} - \frac{\partial g_{\alpha\beta}}{\partial x_i} \right) = \Gamma_{i,\alpha\beta}$$

und diejenigen $\Gamma^i_{\alpha\beta}$, die aus ihnen eindeutig nach den Gleichungen

$$\Gamma_{i,\alpha\beta} = g_{ij} \Gamma^j_{\alpha\beta}$$

entspringen. Dann entstehen die folgenden für die „geodätische Linie" charakteristischen Gleichungen

(6) $$\frac{d^2 x_i}{ds^2} + \Gamma^i_{\alpha\beta} \frac{dx_\alpha}{ds} \frac{dx_\beta}{ds} = 0.$$

Die von RIEMANN zu einem beliebigen Punkte O eingeführten „Zentralkoordinaten", die er mit $x_1, x_2, \ldots, x_n$ bezeichnet, ergeben sich jetzt analytisch folgendermaßen. Es seien zunächst z_i beliebige Koordinaten, die in O verschwinden. Da sich eine positiv-definite quadratische Form durch lineare Transformation immer in die Einheitsform mit den Koeffizienten

$$\delta_{ik} = \begin{cases} 1 & (i = k) \\ 0 & (i \neq k) \end{cases}$$

überführen läßt, kann von vornherein vorausgesetzt werden, daß für den Punkt O die Koeffizienten g_{ik} des Linienelements (3) die Werte δ_{ik} annehmen, so daß dort $ds^2 = \Sigma dz_i^2$ wird. Eine der Gleichung (6) genügende geodätische Linie, für welche O der Anfangspunkt ist ($z_i = 0$ für $s = 0$), ist eindeutig bestimmt durch die Anfangswerte der Ableitungen

$$\left(\frac{dz_i}{ds} \right)_0 = \xi^i;$$

ihre Parameterdarstellung laute
$$z_i = \psi_i(s; \xi^1, \xi^2, \ldots, \xi^n).$$
Man erkennt sofort, daß die Funktionen ψ_i nur von den Produkten $s\xi^1, s\xi^2, \ldots, s\xi^n$ abhängen:
$$z_i = \varphi_i(s\xi^1, s\xi^2, \ldots, s\xi^n).$$
Die Zentralkoordinaten x_i entstehen dann aus den ursprünglichen z_i durch die Transformation
$$z_i = \varphi_i(x_1, x_2, \ldots, x_n).$$
Sie sind dadurch gekennzeichnet, daß bei ihrer Benutzung die linearen Funktionen
(7) $$x_i = \xi^i s$$
von s für beliebige Konstante ξ^i die Gleichungen (5), (6) befriedigen. Auch für sie ist in $O: ds^2 = \Sigma dx_i^2$. Es wird also, wenn wir den Konstanten ξ^i ein für allemal die Bedingung $\Sigma(\xi^i)^2 = 1$ auferlegen, bei der Substitution (7)
$$g_{ik}\xi^i\xi^k$$
unabhängig von s, und zwar $= 1$, wie sich durch Einsetzen des Wertes $s = 0$ herausstellt; außerdem
(8) $$\Gamma^i_{\alpha\beta}\xi^\alpha\xi^\beta = 0.$$
Somit bestehen identisch in den x die Identitäten
(9) $$g_{ik}x_ix_k = x_i^2,$$
(8') $$\Gamma^i_{\alpha\beta}x_\alpha x_\beta = 0,$$
aus denen wir zunächst einige Folgerungen herleiten wollen.

Die Gleichung (8') kann man schreiben
$$\Gamma_{i,\alpha\beta}x_\alpha x_\beta = 0 \quad \text{oder} \quad (10) \quad \left(\frac{\partial g_{i\beta}}{\partial x_\alpha} - \frac{1}{2}\frac{\partial g_{\alpha\beta}}{\partial x_i}\right)x_\alpha x_\beta = 0.$$
Nun ist
$$\frac{\partial g_{i\beta}}{\partial x_\alpha} \cdot x_\beta = \frac{\partial x_i'}{\partial x_\alpha} - g_{i\alpha},$$
wenn
$$x_i' = g_{ij}x_j$$

gesetzt wird; folglich ist die linke Seite von (10)

$$= \left(\frac{\partial x'_i}{\partial x_\alpha} x_\alpha - x'_i\right) - \frac{1}{2}\left(\frac{\partial x'_\alpha}{\partial x_i} x_\alpha - x'_i\right)$$

$$= \frac{\partial x'_i}{\partial x_\alpha} x_\alpha - \frac{1}{2}\left(\frac{\partial x'_\alpha}{\partial x_i} x_\alpha + x'_i\right) = \frac{\partial x'_i}{\partial x_\alpha} x_\alpha - \frac{1}{2} \frac{\partial (x'_\alpha x_\alpha)}{\partial x_i}.$$

Nach (9) aber ist $x'_\alpha x_\alpha = x_\alpha^2$, und so kommt schließlich

$$\frac{\partial x'_i}{\partial x_\alpha} x_\alpha - x_i = \frac{\partial (x'_i - x_i)}{\partial x_\alpha} x_\alpha = 0.$$

Bei der Substitution (7) liefert das

$$\frac{d(x'_i - x_i)}{ds} = 0,$$

und da für $s = 0$ die Differenz $x'_i - x_i$ verschwindet, kommen wir zu dem einfachen Resultat, daß identisch in x

(11) $\qquad x'_i = g_{i\alpha} x_\alpha = x_i$

sein muß. Weiter folgt durch Differentation nach x_k:

(12) $\qquad \dfrac{\partial g_{i\alpha}}{\partial x_k} \cdot x_\alpha = \delta_{ik} - g_{ik}.$

Die linke Seite ist demnach symmetrisch in i und k:

(13) $\qquad \dfrac{\partial g_{i\alpha}}{\partial x_k} \cdot x_\alpha = \dfrac{\partial g_{k\alpha}}{\partial x_i} \cdot x_\alpha.$

Multiplikation von (12) mit x_k oder x_i und Summation nach k bzw. i liefert unter nochmaliger Benutzung von (11):

(14) $\quad \dfrac{\partial g_{i\alpha}}{\partial x_\beta} x_\alpha x_\beta = 0,$ $\qquad$ (14') $\quad \dfrac{\partial g_{\alpha\beta}}{\partial x_i} x_\alpha x_\beta = 0.$

In dieser Weise läßt sich die ursprüngliche Gleichung (10) in zwei Bestandteile zerspalten.

Jetzt betrachten wir die Potenzentwicklung der Koeffizienten g_{ik} des Linienelements in der Umgebung von O:

$$g_{ik} = \delta_{ik} + c_{ik,\alpha} x_\alpha + c_{ik,\alpha\beta} x_\alpha x_\beta + \cdots.$$

Dabei sind $c_{ik,\alpha}$ die Werte der 1. Ableitungen $\frac{\partial g_{ik}}{\partial x_\alpha}$,
$2\,c_{ik,\alpha\beta}$ die Werte der 2. Ableitungen $\frac{\partial^2 g_{ik}}{\partial x_\alpha \partial x_\beta}$ im Punkte O.
RIEMANN behauptet zunächst, daß hier die linearen Glieder verschwinden. Das folgt aus (14'): setzen wir darin $x_i = \xi^i s$ und löschen den Faktor s^2, so bekommen wir die Identität in s

$$\frac{\partial g_{\alpha\beta}}{\partial x_i} \xi^\alpha \xi^\beta = 0.$$

Sie liefert für $s = 0$ das gewünschte Resultat, daß die Ableitungen $\frac{\partial g_{\alpha\beta}}{\partial x_i}$ in O verschwinden, da ja die ξ beliebige Zahlen sein können. Differentiieren wir jene Gleichung aber zunächst nach s und setzen dann $s = 0$, so erhalten wir die weitere Beziehung

$$c_{\beta\gamma,\alpha i} + c_{\gamma\alpha,\beta i} + c_{\alpha\beta,\gamma i} = 0.$$

Durch dieselbe Behandlung von (14) ergibt sich

(15) $\qquad c_{i\alpha,\beta\gamma} + c_{i\beta,\gamma\alpha} + c_{i\gamma,\alpha\beta} = 0.$

Vertauschen wir in der letzten Gleichung i mit γ und subtrahieren sie von der oberen, so folgen endlich noch die Symmetriebedingungen

(16) $\qquad c_{ik,\alpha\beta} = c_{\alpha\beta,ik}.$

In der Potenzentwicklung von ds^2 lauten die Glieder 0-ter Ordnung

$$[0] = \sum dx_i^2;$$

es fehlen die Glieder 1. Ordnung, diejenigen der 2. Ordnung aber fügen sich zusammen zu der Form

(17) $\qquad [2] = c_{ik,\alpha\beta} x_\alpha x_\beta dx_i dx_k.$

RIEMANN behauptet weiter, daß [2] eine quadratische Form der Größen $x_i dx_k - x_k dx_i$ ist. Benutzen wir für unendlichkleine x_i der Übereinstimmung halber das Zeichen δx_i, so sind diese Größen

(18) $$\delta x_i dx_k - dx_i \delta x_k = \Delta x_{ik}$$

die „Komponenten" des von den beiden Linienelementen mit den Komponenten δx_i bzw. dx_i im Punkte O aufgespannten (parallelogrammartigen) Flächenelements. Eine quadratische Form dieser Flächenvariablen läßt sich auf eine und nur eine Weise in der Gestalt schreiben

(19) $$\Delta \sigma^2 = \frac{1}{4} R_{\alpha\beta,\gamma\delta} \Delta x_{\alpha\beta} \Delta x_{\gamma\delta},$$

wenn für die Koeffizienten R die Nebenbedingungen hinzugefügt werden:

(20) $$\begin{cases} R_{\beta\alpha,\gamma\delta} = - R_{\alpha\beta,\gamma\delta}, & R_{\alpha\beta,\gamma\delta} = - R_{\alpha\beta,\gamma\delta}; \\ R_{\gamma\delta,\alpha\beta} = R_{\alpha\beta,\gamma\delta}; \\ R_{i\alpha,\beta\gamma} + R_{i\beta,\gamma\alpha} + R_{i\gamma,\alpha\beta} = 0. \end{cases}$$

Um [2] in diese Gestalt zu bringen, haben wir die Relationen (15), (16) nötig; denn nach ihnen können wir $c_{ik,\alpha\beta}$ ersetzen durch

$$\left.\begin{array}{c} \frac{2}{3} c_{ik,\alpha\beta} \\ + \frac{1}{3} c_{ik,\alpha\beta} \end{array}\right\} = \left\{\begin{array}{c} \frac{1}{3}(c_{ik,\alpha\beta} + c_{\alpha\beta,ik}) \\ - \frac{1}{3}(c_{i\alpha,\beta k} + c_{i\beta,k\alpha}). \end{array}\right.$$

Setzen wir diesen Wert des Koeffizienten $c_{ik,\alpha\beta}$ in (17) ein, so dürfen wir in dem dritten Term $c_{i\alpha,k\beta}$ noch die Indizes i und k vertauschen. Bilden wir also nach (19) die Form $\Delta \sigma^2$ mit folgenden Koeffizienten

(21) $$R_{\alpha\beta,\gamma\delta} = c_{\alpha\gamma,\beta\delta} + c_{\beta\delta,\alpha\gamma} - c_{\alpha\delta,\beta\gamma} - c_{\beta\gamma,\alpha\delta},$$

welche die sämtlichen Bedingungen (20) erfüllen, so ergibt sich

$$[2] = -\frac{1}{3} \Delta \sigma^2.$$

In neuerer Zeit hat sich eine sehr natürliche und anschauliche geometrische Auffassung der Riemannschen Krümmung herausgebildet, welche sich der infinitesimalen Parallelverschiebung von Vektoren in einer Riemannschen Mannigfaltigkeit bedient. Die infinitesimale Drehung, welche der Vektorkörper im Punkte O erfahren hat, nachdem er durch Parallelverschiebung um ein Flächenelement in O herumgeführt ist — der Vektor $\mathfrak{x}$ mit den Komponenten ξ^i erfahre dabei den Zuwachs $\varDelta\mathfrak{x} = (\varDelta\xi^i)$ —, drückt sich durch eine Formel aus:

$$\varDelta\xi^i = -\varDelta r^i_k \cdot \xi^k;$$

die $\varDelta r^i_k$ sind vom Vektor $\mathfrak{x}$ unabhängig, hängen aber linear ab von den Komponenten $\varDelta x_{ik}$ des umfahrenen Flächenelements:

$$\varDelta r^i_k = \frac{1}{2} R^i_{k,\alpha\beta} \varDelta x_{\alpha\beta}.$$

Diese Erklärung führt zu den Gleichungen:

(22) $$R^\alpha_{\beta,\gamma\delta} = \left(\frac{\partial \varGamma^\alpha_{\beta\delta}}{\partial x_\gamma} - \frac{\partial \varGamma^\alpha_{\beta\gamma}}{\partial x_\delta}\right) + \left(\varGamma^\alpha_{\varrho\delta}\varGamma^\varrho_{\beta\gamma} - \varGamma^\alpha_{\varrho\gamma}\varGamma^\varrho_{\beta\delta}\right).$$

Infolgedessen ist die Form $\varDelta\sigma^2$ mit den Koeffizienten

(22') $$R_{\alpha\beta,\gamma\delta} = g_{\alpha\varrho} R^\varrho_{\beta,\gamma\delta}$$

eine Invariante. Da ihre Koeffizienten R bei Benutzung der Zentralkoordinaten, für welche die ersten Ableitungen der g_{ik} im betrachteten Punkte O verschwinden, in (21) übergehen, ist sie mit der Riemannschen Krümmungsform identisch. Das Quadrat des Inhalts des von den beiden Linienelementen δ und d aufgespannten unendlichkleinen Parallelogramms $\varDelta f^2$ (RIEMANN benutzt statt des Parallelogramms das Dreieck) wird ebenfalls durch eine quadratische Form der Variablen (18) gegeben, und zwar ist in beliebigen Koordinaten

$$\Delta f^2 = \frac{1}{4}(g_{\alpha\gamma}g_{\beta\delta} - g_{\alpha\delta}g_{\beta\gamma})\Delta x_{\alpha\beta}\Delta x_{\gamma\delta}.$$

Der nur vom Verhältnis der Δx_{ik} abhängige Quotient $\dfrac{\Delta\sigma^2}{\Delta f^2}$ ist die Zahl, die man nach RIEMANN als die Krümmung der Mannigfaltigkeit in der vom Flächenelement mit den Komponenten Δx_{ik} eingenommenen Flächenrichtung zu bezeichnen hat. —

Die Riemannsche Krümmungstheorie wurde analytisch zuerst durchgeführt von CHRISTOFFEL und LIPSCHITZ (mehrere Abhandlungen im Journal f. d. reine u. angew. Mathematik, Bd. 70, 71, 72, 82). RIEMANN selbst hatte die betreffenden Rechnungen entwickelt in einer der Pariser Akademie eingereichten, aber nicht gekrönten und daher auch nicht publizierten Arbeit; sie ist durch DEDEKIND und WEBER in den Gesammelten Werken ans Licht gezogen und mit einem ausgezeichneten Kommentar versehen worden. Die Invariantentheorie in einer metrischen Mannigfaltigkeit wurde insbesondere ausgebildet von RICCI und LEVI-CIVITA (vgl. Méthodes de calcul différential absolu, Math. Annalen, Bd. 54, 1901, S. 125—201). Neuerdings sind unter dem Einfluß der Einsteinschen Relativitätstheorie diese Untersuchungen wieder aufgenommen worden; sie führten namentlich zur Aufstellung des fundamentalen Begriffs der infinitesimalen Parallelverschiebung. Vgl. darüber LEVI-CIVITA, Nozione di parallelismo in una varietà qualunque..., Rend. d. Circ. Matem. di Palermo, Bd. 42 (1917); HESSENBERG, Vektorielle Begründung der Differentialgeometrie, Math. Annalen, Bd. 78 (1917); WEYL, Raum, Zeit, Materie, 5. Auflage (Berlin 1923) S. 88ff.; J. A. SCHOUTEN, Die direkte

Analysis zur neueren Relativitätstheorie, Verhand. d. K. Akad. v. Wetensch. te Amsterdam, XII, Nr. 6 (1919).

4. (Zu Teil II, Absatz 3.) Eine metrische Mannigfaltigkeit, deren Maßbestimmung auf einer positiv-definiten quadratischen Differentialform ds^2 beruht, werde als Riemannsche Mannigfaltigkeit bezeichnet. Der Zusammenhang mit der gewöhnlichen Flächentheorie, wie sie von GAUSS begründet wurde, ist dadurch gegeben, daß jede Fläche im dreidimensionalen Euklidischen Raum im festgesetzten Sinne eine (zweidimensionale) Riemannsche Mannigfaltigkeit ist. Dies aber aus dem alleinigen Grunde, weil der Euklidische Raum selbst eine derartige Mannigfaltigkeit ist: allgemein überträgt sich von einer n-dimensionalen Riemannschen Mannigfaltigkeit die Maßbestimmung auf alle in ihr gelegenen m-dimensionalen Mannigfaltigkeiten ($m = 1$ oder $2 \ldots$ oder $n - 1$) in der Weise, daß auch sie eine Riemannsche Metrik tragen. Die Punkte im n-dimensionalen „Raum" mögen durch n Koordinaten x_i, die Punkte der m-dimensionalen „Fläche" durch m Koordinaten u_k charakterisiert sein. Die Fläche wird durch eine Parameterdarstellung

$$x_i = x_i(u_1 u_2 \ldots u_m) \qquad (i = 1, 2, \ldots, n)$$

beschrieben, die von jedem Flächenpunkt u angibt, in welchen Raumpunkt x er hineinfällt. Setzen wir die daraus sich ergebenden Differentiale

$$dx_i = \frac{\partial x_i}{\partial u_1} du_1 + \frac{\partial x_i}{\partial u_2} du_2 + \ldots + \frac{\partial x_i}{\partial u_m} du_m$$

in die metrische Fundamentalform ds^2 des Raumes ein, so erhalten wir eine definite quadratische Form der du_k als die metrische Fundamentalform (das „Linienelement") der Fläche. Während also bei EUKLID der Raum a priori von viel speziellerer Natur angenommen ist als die in ihm möglichen

Flächen, nämlich als eben, hat der Begriff der Riemannschen Mannigfaltigkeit just denjenigen Grad der Allgemeinheit, welcher nötig ist, um diese Diskrepanz völlig zum Verschwinden zu bringen.

Nach GAUSS legt man der Theorie der Flächen
$$x = x(u_1 u_2), \quad y = y(u_1 u_2), \quad z = z(u_1 u_2)$$
im dreidimensionalen Euklidischen Raum mit den Cartesischen Koordinaten xyz die folgenden beiden Differentialformen zugrunde:

$$(23) \quad ds^2 = dx^2 + dy^2 + dz^2 = \sum_{i,k=1}^{2} g_{ik} du_i du_k,$$
$$-(dx\,dX + dy\,dY + dz\,dZ) = \sum_{ik} G_{ik} du_i du_k.$$

X, Y, Z sind dabei die Richtungskosinus der Normalen. Zieht man zu den Normalen in sämtlichen Punkten eines unendlichkleinen Flächenstücks do Parallele durch einen festen Raumpunkt, so erfüllen sie einen gewissen räumlichen Winkel $d\omega$. Das Verhältnis $\dfrac{d\omega}{do}$ ist im Limes, wenn do auf einen Punkt zusammenschrumpft, die Gaußsche Krümmung der Fläche in diesem Punkte. Analytisch wird sie durch den Quotienten aus den Determinanten der beiden Fundamentalformen gegeben:

$$K = \frac{G_{11} G_{22} - G_{12}^2}{g_{11} g_{22} - g_{12}^2}.$$

Daß die Gaußsche Krümmung nur von der Geometrie auf der Fläche abhängt, nicht aber von der Art ihres Eingebettetseins in den Raum, genauer: daß K übereinstimmt mit derjenigen Größe, die nach RIEMANN als Krümmung der mit dem Linienelement (23) ausgestatteten zweidimensionalen metrischen Mannigfaltigkeit zu bezeichnen und aus den Formeln (22) zu berechnen ist, wird in jedem Lehrbuch der Flächentheorie bewiesen (siehe z. B. W. BLASCHKE, Vorlesungen über Differentialgeometrie I, Julius Springer 1921, S. 59 u. S. 96). Die anschauliche Deutung der Riemannschen Krümmung einer zweidimensionalen Mannigfaltigkeit mit Hilfe eines geodätischen Dreiecks ergibt sich am besten als Spezialfall jener, die sich auf die infinitesimale Parallelverschiebung von Vektoren stützt. Verschiebt man den „Kompaß" der ∞^1 von einem Punkte P der zweidimensionalen Mannigfaltigkeit ausgehenden Richtungen parallel längs einer vom Kompaßzentrum P zu durchlaufenden geschlossenen Kurve $\mathfrak{C}$ auf der Mannigfaltigkeit, so kehrt der Richtungskompaß nicht in seine Ausgangsstellung zurück, sondern hat eine Drehung um einen gewissen Winkel erfahren; dieser ist, wie aus der früher erwähnten natürlichen Definition der Krümmung unmittelbar hervorgeht, gleich dem Integral der Krümmung über das von der Kurve $\mathfrak{C}$ umschlossene Gebiet. Nimmt man für $\mathfrak{C}$ ein geodätisches Dreieck und beachtet, daß die geodätische Linie durch die Eigenschaft gekennzeichnet ist, ihre Richtung ungeändert beizubehalten, so folgt die im Text angegebene, auf GAUSS zurückgehende Deutung.

Daß endlich eine zweidimensionale geodätische Fläche, aufgebaut aus allen geodätischen Linien, die von einem Punkte O in einer bestimmten Flächenrichtung $\varDelta$ ausgehen, im Punkte O eine Krümmung besitzt, die gleich der Raumkrümmung in der Flächenrichtung $\varDelta$ ist, beweist man am einfachsten so. Sind x_i Zentralkoordinaten des Raumes, die zu diesem Punkte O gehören, so möge jene geodätische Fläche dadurch charakterisiert sein, daß für ihre Punkte alle Koordinaten außer x_1, x_2 verschwinden. Da die Ableitungen der g_{ik} und somit die Größen $\varGamma^i_{\alpha\beta}$ im Punkte O verschwinden, die g_{ik} aber die besonderen Werte δ_{ik} annehmen, erkennt man sofort aus der Formel (22), daß die

Raumkrümmung $R_{12,12}$ daselbst nur von den (2. Ableitungen der) Koeffizienten g_{11}, g_{12}, g_{22} abhängt, die übrigen g_{ik} aber in ihren Ausdruck nicht eingehen.

5. (Zu Teil II, Absatz 4.) Eine Mannigfaltigkeit besitzt ein Zentrum in O, wenn sie sich mit Hilfe gewisser in O verschwindender Koordinaten x_i so auf einen Cartesischen Bildraum mit der Maßbestimmung

$$ds_0^2 = dx_1^2 + dx_2^2 + \ldots + dx_n^2$$

abbilden läßt, daß das lineare Vergrößerungsverhältnis $\dfrac{ds}{ds_0}$, Quotient der Länge ds eines Linienelements und der Länge ds_0 des korrespondierenden Linienelements im Cartesischen Bildraum, einen festen Wert hat 1) für alle radial gestellten Linienelemente ds_0 im Bildraum, die sich in der gleichen Entfernung r vom Nullpunkt befinden,

$$(r^2 = x_1^2 + x_2^2 + \ldots + x_n^2)$$

und 2) für alle tangential, senkrecht zu den Radien gestellten Linienelemente ds_0 in dieser Entfernung. Analytisch gibt sich das darin kund, daß ds^2 eine lineare Kombination der orthogonalinvarianten Differentialformen

$$dx_1^2 + dx_2^2 + \ldots + dx_n^2 \text{ und } (x_1 dx_1 + x_2 dx_2 + \ldots + x_n dx_n)^2$$

wird:

$$ds^2 = \lambda^2 \sum_i dx_i^2 + l (\sum_i x_i dx_i)^2;$$

wobei die Koeffizienten λ und l nur von r abhängen. Das tangentiale Vergrößerungsverhältnis ist λ, das radiale h bestimmt sich aus $h^2 = \lambda^2 + l r^2$. Die radiale Maßskala r läßt sich offenbar so einrichten, daß $\lambda = 1$ wird:

(24) $$ds^2 = \sum_i dx_i^2 + l (\sum_i x_i dx_i)^2.$$

Die x_i sind „modifizierte Zentralkoordinaten" zum Punkte O in dem folgenden Sinne: jeder Strahl

$$x_i = \xi^i r$$

(ξ^i beliebige Konstante von der Quadratsumme 1, r der variable Parameter) ist eine geodätische Linie; aber r ist nicht die auf ihr gemessene Bogenlänge, sondern diese, s, steht zu r in der Beziehung

(24') $$\left(\frac{ds}{dr}\right)^2 = 1 + lr^2 = h^2.$$

Auf einer n-dimensionalen Kugel vom Radius a im $(n+1)$-dimensionalen Euklidischen Raum mit den Cartesischen Koordinaten $x_0, x_1, \ldots, x_n$ ist

(25) $$x_0^2 + x_1^2 + \ldots + x_n^2 = a^2,$$
$$ds^2 = dx_0^2 + dx_1^2 + \ldots + dx_n^2.$$

Benutzen wir also $x_1, \ldots, x_n$ als Koordinaten auf der Kugel, so erhalten wir, da auf ihr

$$x_0 dx_0 = -(x_1 dx_1 + \ldots + x_n dx_n),$$
$$dx_0^2 = \frac{(x_1 dx_1 + \ldots + x_n dx_n)^2}{a^2 - r^2}$$

ist, für ihr ds^2 eine Formel (24) mit

$$l = \frac{1}{a^2 - r^2} = \frac{\alpha}{1 - \alpha r^2}. \qquad \left(\alpha = \frac{1}{a^2}.\right)$$

Es ist danach klar, daß Mannigfaltigkeiten, deren Linienelement sich in die Gestalt (24) setzen läßt, worin l die eben angegebene Funktion $\frac{\alpha}{1-\alpha r^2}$ bedeutet, konstante, von Ort und Flächenrichtung unabhängige Krümmung besitzen; diese Behauptung wird natürlich ebensowohl richtig sein, wenn die Konstante α negativ ist, wie im Falle eines positiven α. Die gleich durchzuführende Rechnung wird außerdem zeigen, daß der Wert der Krümmung gleich α ist. Statt dieser Normalform für ds^2, welche der orthogonalen Projektion der Kugel auf den „Äquator" $x_0 = 0$ entspricht, benutzt RIEMANN diejenige, die durch stereographische Projektion zustande kommt. Wir erhalten sie aus der eben angegebenen, wenn wir durch die Transformation

$$x_i = \frac{x_i^*}{1 + \frac{a}{4} r^{*2}} \qquad [r^{*2} = \sum_i (x_i^*)^2, \quad i = 1, 2, \ldots, n]$$

zu neuen Koordinaten x_i^* übergehen.

Um die Umkehrung zu beweisen[1]), führen wir auf einer beliebigen Mannigfaltigkeit zu einem Punkte O „modifizierte Zentralkoordinaten" x_i ein, wobei eine Funktion l von r willkürlich zugrunde zu legen ist. Sie entstehen aus den in Anm. 3 konstruierten „eigentlichen" Zentralkoordinaten, wenn wir auf den von O ausstrahlenden geodätischen Linien die natürliche Maßskala s durch die aus (24′) sich ergebende modifizierte Skala r ersetzen. Auf die gleiche Weise, wie wir in Anm. 3 die Formeln (8), (13), (11) für die „eigentlichen", der Wahl $l = 0$ entsprechenden Zentralkoordinaten fanden, erhalten wir dann

(26) $$\Gamma^i_{\alpha\beta} \xi^\alpha \xi^\beta = \frac{h'}{h} \xi^i$$

[der Akzent bedeutet die Ableitung nach r; es ist stets $x_i = \xi^i r$ zu setzen, und ξ^i sind beliebige Konstante von der Quadratsumme 1];

(27) $$\frac{\partial g_{i\alpha}}{\partial x_k} \xi^\alpha = \frac{\partial g_{k\alpha}}{\partial x_i} \xi^\alpha,$$

(28) $$\xi_i, \text{ d. i. } g_{i\alpha} \xi^\alpha = h^2 \xi^i.$$

Wir fragen: wann ist der Punkt O ein Zentrum dieser Mannigfaltigkeit, genauer: wann bestehen die Gleichungen

(29) $$g_{ik} = \delta_{ik} + l x_i x_k ?$$

---

[1]) Vgl. dazu LIPSCHITZ, Journal für die reine und angewandte Mathematik, Bd. 72; F. SCHUR, Math. Annalen, Bd. 27, S. 537–567; H. WEYL, Nachr. d. Ges. d. Wissensch. zu Göttingen 1921, S. 109.

Die notwendige und hinreichende Bedingung dafür ist offenbar die, daß
$$\frac{d}{dr}(g_{ik} - l\,x_i x_k) = 0$$
wird, oder

(30) $$\frac{\partial g_{ik}}{\partial x_\alpha}\xi^\alpha = \frac{d}{dr}(lr^2)\cdot \xi^i \xi^k;$$

denn wenn die Differenz $g_{ik} - l\,x_i x_k$ unabhängig von r ist, so muß sie gleich ihrem Werte für $r = 0$, d. i. $= \delta_{ik}$ sein. Wegen (27) und (28) sind die folgenden Gleichungen der Bedingung (30) äquivalent:

$$\Gamma_{i,k\alpha}\xi^\alpha = h\,h'\cdot \xi^i \xi^k,$$

ebenso

$$\Gamma^i_{k\alpha}\xi^\alpha = \frac{h'}{h}\xi^i \xi^k.$$

Setze ich demnach

(31) $$\varphi^i_k = \Gamma^i_{k\alpha}\xi^\alpha - \frac{h'}{h}\xi^i \xi^k,$$

so ist das Verschwinden dieser Größen φ^i_k die gesuchte Bedingung für das Bestehen von (29).

Um das Problem mit der Krümmung in Zusammenhang zu bringen, differentiiere man abermals nach r; es kommt

(32) $$\frac{d\varphi^i_k}{dr} = \frac{\partial \Gamma^i_{k\alpha}}{\partial x_\beta}\xi^\alpha \xi^\beta - (\lg h)''\,\xi^i \xi^k.$$

Das erste Glied rechts ist ein Bestandteil von

(33) $$R^i_{\alpha k\beta}\,\xi^\alpha \xi^\beta,$$

wie dem Ausdruck (22) der R zu entnehmen ist. Um (33) zu berechnen, haben wir der Reihe nach zu bilden

$$\frac{\partial \Gamma^i_{\alpha k}}{\partial x_\beta}\xi^\alpha \xi^\beta, \qquad \frac{\partial \Gamma^i_{\alpha\beta}}{\partial x_k}\xi^\alpha \xi^\beta$$

und

(34) $$(\Gamma^i_{\varrho\beta}\Gamma^\varrho_{\alpha k} - \Gamma^i_{\varrho k}\Gamma^\varrho_{\alpha\beta})\,\xi^\alpha \xi^\beta.$$

Der erste Term ist nach (32)

$$= \frac{d\varphi_k^i}{dr} + (\lg h)'' \xi^i \xi^k.$$

Um den zweiten zu erhalten, differentiieren wir (26):

$$\Gamma_{\alpha\beta}^i x_\alpha x_\beta = \frac{rh'}{h} x_i$$

nach x_k:

$$\frac{\partial \Gamma_{\alpha\beta}^i}{\partial x_k} x_\alpha x_\beta + 2\Gamma_{\alpha k}^i x_\alpha = \frac{x_i x_k}{r} \frac{h'}{h} + x_i x_k (\lg h)'' + \frac{rh'}{h} \delta_{ik}.$$

Drückt man noch $\Gamma_{\alpha k}^i \xi^\alpha$ nach (31) durch φ_k^i aus, so kommt also

$$\frac{\partial \Gamma_{\alpha\beta}^i}{\partial x_k} \xi^\alpha \xi^\beta = \xi^i \xi^k (\lg h)'' + \frac{h'}{rh}(\delta_{ik} - \xi^i \xi^k) - \frac{2}{r}\varphi_k^i,$$

$$\left(\frac{\partial \Gamma_{\alpha k}^i}{\partial x_\beta} - \frac{\partial \Gamma_{\alpha\beta}^i}{\partial x_k}\right)\xi^\alpha \xi^\beta = \left(\frac{d\varphi_k^i}{dr} + \frac{2}{r}\varphi_k^i\right) + \frac{h'}{rh}(\xi^i \xi^k - \delta_{ik}).$$

Das dritte Glied (34) aber lassen wir folgende Wandlungen durchlaufen:

$$(\Gamma_{\varrho\beta}^i \xi^\beta)(\Gamma_{\alpha k}^\varrho \xi^\alpha) - \Gamma_{k\varrho}^i (\Gamma_{\alpha\beta}^\varrho \xi^\alpha \xi^\beta)$$

$$= \Gamma_{\varrho\beta}^i \xi^\beta \left(\varphi_k^\varrho + \frac{h'}{h}\xi^\varrho \xi^k\right) - \Gamma_{k\varrho}^i \cdot \frac{h'}{h} \xi^\varrho$$

$$= \Gamma_{\varrho\beta}^i \xi^\beta \varphi_k^\varrho + \frac{h'}{h}\xi^k(\Gamma_{\varrho\beta}^i \xi^\varrho \xi^\beta) - \frac{h'}{h}\left(\varphi_k^i + \frac{h'}{h}\xi^i \xi^k\right)$$

$$= \Gamma_{\beta\varrho}^i \xi^\beta \varphi_k^\varrho - \frac{h'}{h}\varphi_k^i.$$

Die Endformel lautet demnach, wenn man noch

$$\frac{r^2 \varphi_k^i}{h} = \psi_k^i$$

einführt,

$$(35) \quad -R_{\alpha k\beta}^i \xi^\alpha \xi^\beta = \frac{h}{r^2}\left[\frac{d\psi_k^i}{dr} + \Gamma_{\alpha\beta}^i \xi^\alpha \psi_k^\beta\right] + \frac{h'}{rh}(\xi^i \xi^k - \delta_{ik}).$$

Anderseits ist

(36) $(\delta_{ik}g_{\alpha\beta} - \delta_{i\beta}g_{\alpha k})\xi^\alpha \xi^\beta = \delta_{ik}h^2 - \xi^i \xi_k = h^2(\delta_{ik} - \xi^i \xi^k).$

Ist O Zentrum: $\psi_k^i = 0$, so folgt daraus: Die Krümmung der Mannigfaltigkeit in einem beliebigen Punkte P und in einer beliebigen Flächenrichtung daselbst, die den geodätischen Strahl OP enthält, hängt nur von r ab, ist nämlich

(37) $$\frac{h'}{rh} : h^2 = -\frac{1}{2r}\frac{d}{dr}\left(\frac{1}{h^2}\right).$$

[Insbesondere ist die Krümmung in O unabhängig von der Flächenrichtung $= l\,(0)$.]

Diese Bedingung ist aber auch hinreichend dafür, daß O Zentrum ist; denn nach (35) und (36) ist sie mit der Gleichung

(38) $$\frac{d\psi_k^i}{dr} + \Gamma_{\alpha\beta}^i \xi^\alpha \psi_k^\beta = 0$$

identisch, und aus ihr folgt $\psi_k^i = 0$. In der Tat: sind C, Γ solche Konstanten, daß etwa für $0 \leq r \leq 1$ die Ungleichungen

(39) $$|\Gamma_{\alpha\beta}^i| \leq \frac{\Gamma}{n^2}, \qquad |\psi_k^i| \leq C$$

bestehen, so gilt für jede ganze nicht-negative Zahl m

(40) $$|\psi_k^i| \leq C \cdot \frac{(\Gamma r)^m}{m!}.$$

Beweis durch vollständige Induktion. Die Behauptung trifft nach (39) zu für $m = 0$; der Schluß von m auf $m + 1$ aber vollzieht sich durch die Abschätzung

$$|\psi_k^i| = \left|\int_0^r \Gamma_{\alpha\beta}^i \xi^\alpha \psi_k^\beta \, dr\right| \leq \frac{C\Gamma^{m+1}}{m!} \int_0^r r^m \, dr = C\frac{(\Gamma r)^{m+1}}{(m+1)!}.$$

Lassen wir in (40) die ganze Zahl m über alle Grenzen wachsen, so ergibt sich $\psi_k^i = 0$.

Wir machen von unserm Ergebnis die Anwendung auf den besonderen Fall einer Mannigfaltigkeit von der konstanten Krümmung α. Wir wählen

$$l = \frac{\alpha}{1 - \alpha r^2}, \quad h^2 = 1 + l r^2 = \frac{1}{1 - \alpha r^2};$$

dann bekommt (37) den konstanten Wert α. Führen wir demnach in einem beliebigen Punkt O der Mannigfaltigkeit die zu dieser Funktion l gehörigen modifizierten Zentralkoordinaten ein, so gilt die Gleichung (38), aus der $\psi_k^i = 0$ und schließlich

$$g_{ik} - l x_i x_k = \delta_{ik}$$

folgt. Damit sind wir am Ziel: das Linienelement der Mannigfaltigkeit von der konstanten Krümmung α hat in den gewählten Koordinaten notwendig die Gestalt

$$ds^2 = \sum_i dx_i^2 + \frac{\alpha}{1 - \alpha r^2} \Big(\sum_i x_i\, dx_i\Big)^2.$$

Da hierbei das Zentrum O in einen willkürlichen Punkt der Mannigfaltigkeit verlegt werden kann und die Normalform unter Festhaltung des Punktes O auch nicht durch eine beliebige lineare orthogonale Transformation der Koordinaten x_i zerstört wird, zeigt sich, daß eine Mannigfaltigkeit konstanter Krümmung die von RIEMANN behauptete Beweglichkeit in sich besitzt. Sie ist also gewiß in dem Sinne homogen, daß nicht nur alle Punkte auf ihr, sondern auch in jedem Punkte alle Flächenrichtungen gleichberechtigt sind. Umgekehrt muß eine Mannigfaltigkeit mit diesen Homogenitätseigenschaften offenbar konstante Krümmung besitzen. Unter Ausschluß des hinlänglich bekannten Euklidischen Falles $\alpha = 0$ nehmen wir $\alpha = \pm 1$ an. Führen wir im ersten Fall ($\alpha = +1$) das Verhältnis der vorhin — Formel (25) — benutzten Koordinaten

$$x_0 : x_1 : \ldots : x_n$$

als homogene Koordinaten in der Mannigfaltigkeit ein, so können wir, ohne einer Normierung wie (25) zu bedürfen, für das Linienelement schreiben

$$(41) \qquad ds^2 = \frac{\Omega(x,x)\,\Omega(dx,dx) - \Omega^2(x,dx)}{\Omega^2(x,x)},$$

wo $\Omega(x,y)$ die symmetrische Bilinearform

$$x_0 y_0 + x_1 y_1 + \ldots + x_n y_n$$

bedeutet (die zugehörige quadratische Form $\Omega(x,x)$ gleich

$$x_0^2 + x_1^2 + \ldots + x_n^2$$

ist positiv-definit, vom Trägheitsindex 0). Dieses ds^2 hängt in der Tat nur von den Verhältnissen der Koordinaten x in den beiden unendlich benachbarten Punkten ab. Die Bewegungen der Mannigfaltigkeit in sich werden jetzt einfach durch diejenigen linearen Transformationen der homogenen Koordinaten x gegeben, welche die quadratische Gleichung $\Omega(x,x) = 0$ in sich überführen. Analoges gilt für die Mannigfaltigkeiten von der Krümmung — 1; nur ist in der Formel (41) ds^2 durch — ds^2 zu ersetzen und unter $\Omega(x,x)$ die quadratische Form

$$x_0^2 - (x_1^2 + \ldots + x_n^2)$$

vom Trägheitsindex n zu verstehen. Auch hat man sich auf solche Werte der Variablen zu beschränken, für die $\Omega > 0$ ist. Allgemeiner kann für Ω eine beliebige nicht-ausgeartete quadratische Form vom Trägheitsindex 0 oder n genommen werden (denn solche lassen sich linear auf die beiden hier zugrunde gelegten Normalformen transformieren; nur die Werte 0 und n des Trägheitsindex sind möglich, weil ds^2 definit sein muß). Die geodätischen Linien (Geraden) werden durch lineare Gleichungen zwischen unsern homogenen Koordinaten dargestellt. Wir haben es also mit dem n-dimensionalen Raum der projektiven Geometrie zu tun, der auf Grund eines „Kegelschnitts" $\Omega(x, x) = 0$ mit einer gewissen Maßbestimmung ausgestattet ist (Cayleysche Maßbestimmung). Vgl. darüber CAYLEY, Sixth Memoir upon Quantics, Philosophical Transactions, t. 149 (1859); F. KLEIN, Über die sogenannte Nicht-Euklidische Geometrie, Math. Annalen, Bd. 4 (1871), und die weiteren Abhandlungen von KLEIN in Math. Annalen, Bd. 6 und 37. Die Fälle $\alpha = +1$ und $\alpha = -1$ werden von KLEIN als „elliptische" und „hyperbolische" Geometrie unterschieden, zwischen die sich als Übergangs- und Entartungsfall die Euklidische einschiebt. Die hyperbolische Geometrie ist mit der von LOBATCHEFSKIJ und BOLYAI (um 1830) zuerst systematisch aufgebauten „Nicht-Euklidischen Geometrie" identisch. Die elliptische fällt in einem hinreichend beschränkten Gebiet, wie wir sahen, mit der sphärischen Geometrie zusammen, die auf einer n-dimensionalen Kugel im $(n+1)$-dimensionalen Euklidischen Raum gilt. Im großen besitzt aber der ihr zugrunde liegende „elliptische Raum" andere Zusammenhangsverhältnisse als die Kugel; er entsteht aus der Kugel, wenn man je zwei diametral einander gegenüberliegende Punkte derselben in einen einzigen Punkt ideell zusammenfallen läßt, oder, was auf dasselbe hinauskommt, an Stelle der Kugelpunkte die durch den Kugelmittelpunkt laufenden Geraden als Elemente verwendet. Über die mit den verschiedenen Maßbestimmungen verträgliche Analysis-situs-Beschaffenheit des Raumes vgl. namentlich KLEIN, Math. Annalen, Bd. 37 (1890), S. 544; KILLING, Math. Annalen, Bd. 39 (1891), S. 257, und: Einführung in die Grundlagen der Geometrie, Paderborn 1893; auch KOEBE, Annali di Matematica, Ser. III, 21, pag. 57, und WEYL, Math. Annalen, Bd. 77, S. 349.

6. (Zu Teil III, Absatz 3.) Das volle Verständnis für die Schlußbemerkungen RIEMANNs über den innern Grund der Maßverhältnisse des Raums ist uns erst durch EINSTEINs

allgemeine Relativitätstheorie erschlossen worden. Sehen wir von der ersten Möglichkeit ab, es könnte „das dem Raum zugrunde liegende Wirkliche eine diskrete Mannigfaltigkeit bilden" (obschon in ihr vielleicht einmal die endgültige Antwort auf das Raumproblem enthalten sein wird), so stellt sich RIEMANN hier im Gegensatz zu der bis dahin von allen Mathematikern und Philosophen vertretenen Meinung, daß die Metrik des Raumes unabhängig von den in ihm sich abspielenden physischen Vorgängen festgelegt sei und das Reale in diesen metrischen Raum wie in eine fertige Mietskaserne einziehe; er behauptet vielmehr, daß der Raum an sich nur eine formlose dreidimensionale Mannigfaltigkeit im Sinne von Teil I des Vortrages ist und erst der den Raum erfüllende materielle Gehalt ihn gestaltet und seine Maßverhältnisse bestimmt. Das „metrische Feld" ist prinzipiell von der gleichen Natur wie etwa das elektromagnetische Feld. — Da der Raum, sofern er Form der Erscheinungen, homogen ist, schien sich mit Notwendigkeit zu ergeben (und von dem alten Standpunkt aus ist diese Konsequenz in der Tat unausweichlich), daß er eine Riemannsche Mannigfaltigkeit von ganz spezieller Art, nämlich von konstanter Krümmung sein müsse. Durch die in der Anm. 2 zitierten Arbeiten von HELMHOLTZ und LIE wurde festgestellt, daß nur in einem solchen Raum ein Körper ohne Änderung seiner Maßverhältnisse diejenige Beweglichkeit besitzt, die aus der Gleichberechtigung aller Orte und Richtungen folgt. Aber diese Folgerung fällt dahin, sobald die Maßbestimmung abhängig gedacht wird von der Verteilung der Materie. Denn die Möglichkeit der Ortsversetzung eines Körpers ohne Maßänderungen in einer beliebigen Riemannschen Mannigfaltigkeit ist zurückgewonnen, wenn der Körper das von ihm erzeugte metrische Feld bei der Bewegung mitnimmt; genau so wie eine Masse, die unter dem Einfluß eines von ihr selbst erzeugten Kraftfeldes eine Gleichgewichtsgestalt angenommen hat, sich deformieren müßte, wenn man das Kraftfeld festhalten und die Masse an eine andere Stelle desselben schieben könnte, in Wahrheit aber ihre Gestalt behält, da sie das von ihr selbst erzeugte Kraftfeld mitnimmt.

In der physischen Welt tritt zu den drei Raumdimensionen als vierte die Zeit hinzu, und die spezielle Relativitätstheorie (EINSTEIN, MINKOWSKI) führte zu der Einsicht, daß diese vierdimensionale Mannigfaltigkeit der Raum-Zeit-Punkte eine Euklidische ist, in der Raum und Zeit nicht ohne Willkür voneinander getrennt werden können; Euklidisch mit der Modifikation jedoch, daß die der Maßbestimmung zugrunde liegende quadratische Form ds^2 nicht positiv-definit ist, sondern vom Trägheitsindex 1. In der allgemeinen Relativitätstheorie vollzog sich der Übergang von EUKLID zu RIEMANN: die Welt ist ein vierdimensionales Kontinuum, in welcher ein von Zustand, Verteilung und Bewegung der Materie abhängiges metrisches Feld herrscht, darstellbar durch eine quadratische Differentialform ds^2 vom Trägheitsindex 1. Aus diesem metrischen Feld entspringen insbesondere die Erscheinungen der Gravitation. So hat RIEMANNs Idee, welche die alte Scheidewand zwischen Geometrie und Physik niederriß, heute durch EINSTEIN ihre glänzende Erfüllung gefunden. Betreffs der Literatur verweist der Herausgeber auf sein Buch ,,Raum Zeit Materie" (5. Aufl., Berlin 1923).

Verlag von Julius Springer in Berlin W 9

Raum—Zeit—Materie. Vorlesungen über allgemeine Relativitätstheorie. Von **Hermann Weyl**. Fünfte, umgearbeitete Auflage. Mit 23 Textfiguren. 1923. GZ. 10

Geometrie und Erfahrung. Erweiterte Fassung des Festvortrages, gehalten an der Preußischen Akademie der Wissenschaften zu Berlin am 27. Januar 1921. Von **Albert Einstein**. Mit 2 Textabbildungen. 1921. GZ. 1

Äther und Relativitätstheorie. Von **Albert Einstein**. Rede, gehalten an der Reichs-Universität zu Leiden. 1920. GZ. 1

Die Grundlagen der Einsteinschen Gravitationstheorie. Von **Erwin Freundlich**. Mit einem Vorwort von Albert Einstein. Vierte, erweiterte und verbesserte Auflage. 1920. GZ. 2.5

Raum und Zeit in der gegenwärtigen Physik. Zur Einführung in das Verständnis der Relativitäts- und Gravitationstheorie. Von **Moritz Schlick**. Vierte, vermehrte und verbesserte Auflage. 1922. GZ. 3,2

Raum und Zeit im Lichte der speziellen Relativitätstheorie. Versuch eines synthetischen Aufbaus der speziellen Relativitätstheorie. Von Dr. **Clemens von Horvath**, Privatdozent für Physik an der Universität Kasan. Mit 8 Textabbildungen und einem Bildnis. 1921. GZ. 2

Die Idee der Relativitätstheorie. Von **Hans Thirring**, a. o. Professor der theoretischen Physik an der Universität Wien. Zweite, durchgesehene und verbesserte Auflage. Mit 8 Textabbildungen. 1922. GZ. 4.5

Die Relativitätstheorie Einsteins und ihre physikalischen Grundlagen. Elementar dargestellt. Von **Max Born**. Dritte, verbesserte Auflage. Mit 135 Textabbildungen. (Bildet Band III der „Naturwissenschaftlichen Monographien und Lehrbücher". Herausgegeben von der Schriftleitung der „Naturwissenschaften".) 1922. GZ. 7.2; gebunden GZ. 10

Die Beziehcr der „Naturwissenschaften" haben das Recht, die Monographien zu einem dem Ladenpreise gegenüber um 10,% ermäßigten Vorzugspreis zu beziehen.

Der Aufbau der Materie. Drei Aufsätze über moderne Atomistik und Elektronentheorie. Von **Max Born**. Zweite, verbesserte Auflage. Mit 37 Textabbildungen. 1922. GZ. 2

Relativitätstheorie und Erkenntnis a priori. Von **Hans Reichenbach**. 1920. GZ. 3

Die Grundzahlen (GZ.) entsprechen den ungefähren Vorkriegspreisen und ergeben mit dem jeweiligen Entwertungsfaktor (Umrechnungsschlüssel) vervielfacht den Verkaufspreis. Über den zur Zeit geltenden Umrechnungsschlüssel geben alle Buchhandlungen sowie der Verlag bereitwilligst Auskunft.

Verlag von Julius Springer in Berlin W 9

Hermann v. Helmholtz, Schriften zur Erkenntnistheorie. Herausgegeben und erläutert von **Paul Hertz**, Göttingen und **Moritz Schlick**, Rostock. Dem Andenken an Hermann v. Helmholtz zur Hundertjahrfeier seines Geburtstages. 1921. GZ. 8.5

Die Quantentheorie. Ihr Ursprung und ihre Entwicklung. Von **Fritz Reiche**. Zweite Auflage. In Vorbereitung.

Valenzkräfte und Röntgenspektren. Zwei Aufsätze über das Elektronengebäude des Atoms. Von Dr. **W. Kossel**, o. Professor an der Universität Kiel. Mit 11 Abbildungen. 1921. GZ. 2.3

Das Wesen des Lichts. Vortrag, gehalten in der Hauptversammlung der Kaiser Wilhelm-Gesellschaft am 28. Oktober 1919. Von Dr. **Max Planck**, Professor der theoretischen Physik an der Universität Berlin. Zweite, unveränderte Auflage. 1920. GZ. 0.5

Die Grundlehren der mathematischen Wissenschaften in Einzeldarstellungen mit besonderer Berücksichtigung der Anwendungsgebiete. Gemeinsam mit **W. Blaschke**, Hamburg, **M. Born**, Göttingen, **C. Runge**, Göttingen, herausgegeben von **R. Courant**, Göttingen.

I. Band: **Vorlesungen über Differential-Geometrie** und geometrische Grundlagen von Einsteins Relativitätstheorie. I. Elementare Differential-Geometrie. Von **Wilhelm Blaschke**, ord. Professor der Mathematik an der Universität Hamburg. Mit 38 Textfiguren. 1921. GZ. 7.5; gebunden GZ. 10

II. Band: **Theorie und Anwendung der unendlichen Reihen.** Von Dr. **Konrad Knopp**, ord. Professor der Mathematik an der Universität Königsberg. Mit 12 Textfiguren. 1922. GZ. 15; geb. GZ. 18

III. Band: **Vorlesungen über allgemeine Funktionentheorie und elliptische Funktionen.** Von **Adolf Hurwitz** †, weil. ord. Professor der Mathematik am Eidgenössischen Polytechnikum in Zürich. Herausgegeben und ergänzt durch einen Abschnitt über **Geometrische Funktionentheorie** von **R. Courant**, ord. Professor der Mathematik an der Universität Göttingen. Mit 122 Textfiguren. 1922. GZ. 13; gebunden GZ. 16

IV. **Die mathematischen Hilfsmittel des Physikers.** Von Dr. **Erwin Madelung**, o. Professor der theoretischen Physik an der Universität Frankfurt a. M. Mit 20 Textfiguren. 1922. GZ. 8.25; gebunden GZ. 10

V. **Die Theorie der Gruppen von endlicher Ordnung.** Mit Anwendungen auf algebraische Zahlen und Gleichungen, sowie auf die Kristallographie. Von **Andreas Speiser**, ord. Professor der Mathematik an der Universität Zürich. Erscheint im Frühjahr 1923.

Die Grundzahlen (GZ.) entsprechen den ungefähren Vorkriegspreisen und ergeben mit dem jeweiligen Entwertungsfaktor (Umrechnungsschlüssel) vervielfacht den Verkaufspreis. Über den zur Zeit geltenden Umrechnungsschlüssel geben alle Buchhandlungen sowie der Verlag bereitwilligst Auskunft.

MIX
Papier aus verantwortungsvollen Quellen
Paper from responsible sources
FSC® C105338

If you have any concerns about our products,
you can contact us on
ProductSafety@springernature.com

In case Publisher is established outside the EU,
the EU authorized representative is:
**Springer Nature Customer Service Center GmbH
Europaplatz 3, 69115 Heidelberg, Germany**

Printed by Libri Plureos GmbH
in Hamburg, Germany